自动化专业
控制理论课程若干问题研究

彭　程◎著

U0334349

中国商务出版社

·北京·

图书在版编目（CIP）数据

自动化专业控制理论课程若干问题研究／彭程著.
北京：中国商务出版社，2024.7. --- ISBN 978-7-5103-
5216-4

Ⅰ. TP273

中国国家版本馆 CIP 数据核字第 20249LB018 号

自动化专业控制理论课程若干问题研究

彭程　著

出版发行：中国商务出版社有限公司

地　　址：北京市东城区安定门外大街东后巷 28 号　邮编：100710

网　　址：http://www.cctpress.com

联系电话：010 - 64515150（发行部）　　010 - 64212247（总编室）
　　　　　010 - 64515210（事业部）　　010 - 64248236（印制部）

责任编辑：陈红雷

排　　版：北京嘉年华文图文制作有限公司

印　　刷：北京印匠彩色印刷有限公司

开　　本：710 毫米 × 1000 毫米　1/16

印　　张：11.75　　　　　　　　　字　　数：190千字

版　　次：2024 年 7 月第 1 版　　　印　　次：2024 年 7 月第 1 次印刷

书　　号：ISBN 978 - 7 - 5103 - 5216 - 4

定　　价：78.00 元

前　言

　　自动化专业本科生学习的控制理论类课程包括"自动控制原理""现代控制理论""智能控制""过程控制系统""计算机控制系统"等，它们也是其他与自动化技术相关的专业的重要课程。

　　笔者 2014 年第一次讲授"自动控制原理"课程，至今已有十个年头，其间也多次主讲其他几门控制理论课程。这些控制理论课程的基本内容相对固定，已经形成了很多经典教材，但还是有一些内容缺乏清晰的阐释。例如，在"自动控制原理"课程中动态误差系数法部分，动态误差系数有无穷项，什么条件下动态误差系数能够收敛？在串联滞后校正和串联超前校正部分，采用的传统设计方法为试凑法，对设计者经验的要求很高，能不能给出简单易行的无须试凑的串联校正装置设计方法？又如在"过程控制系统"课程中，会讲授衰减曲线法和临界比例度法两种常用的 PID 控制器参数整定方法，这两种方法的共同特点是无须事先已知被控对象的数学模型，只需在被控对象上进行比例控制实验即可完成 PID 参数整定过程。在被控对象模型已知的情况下，能不能通过理论分析直接根据模型计算出 PID 控制器参数？对这样一些问题进行研究，有助于加强各门课程之间的联系，帮助读者将控制理论看成一个有机整体而加以把握。

　　控制理论类课程理论性强、内容多、难度大。为了提升学生的学习兴趣，帮助学生更好地掌握相关理论知识，当前课程改革的一个较为通行的做法是将 Matlab/Simulink 软件引入课堂教学。用户可以使用 Simulink，以搭积木的方式进行系统建模、分析、设计和仿真。近年来，Mathworks 公司在 Simulink 中增加了 Simscape 模块，用户可以直接使用 Simscape 进行物理建模，省去了使用普通的 Simulink 之前的数学建模过程。本书给出了多个 Matlab/Simulink/Simscape 实例，能帮助读者更好地理解相关的理论。

2019 年印发的《教育部关于一流本科课程建设的实施意见》提出了"提升高阶性""突出创新性""增加挑战度"的金课标准，这就要求高校教师持续关注教学目标、教学内容、教学方法、教学手段、教学效果评价方法。本书是笔者近几年教学过程经验的总结。笔者已经将本书的部分内容如阶跃响应辨识、临界比例度法理论分析等，用于指导学生开展课程设计、开放性实验和毕业设计，取得了较好的效果。

本书的研究工作受到华北科技学院一流本科课程建设项目"自动控制原理（编号 HKJG202208）"的资助，在此表示衷心的感谢！笔者也要感谢华北科技学院电子信息工程学院的领导和老师的帮助和支持，感谢中国商务出版社为本书的出版提供的支持。

由于笔者水平有限，书中难免存在纰漏之处，敬请读者批评指正。

彭　程

目　录
CONTENTS

第 1 章

绪 论

1.1　控制理论简介

自动控制是指在没有人直接参与的情况下，利用外加的控制装置操纵被控对象，使得被控对象的的某个或多个参数按期望的规律变化的过程[1]。自动控制技术已被广泛应用于国民经济的各个行业，起到了增强安全性，减小人员劳动强度，提高产量和产品竞争力等众多作用，是工业、农业、国防和科学技术现代化的重要标志。控制理论是关于自动控制系统的分析与设计的一般性理论，是指导控制工程实践的理论依据。

19 世纪下半叶学者们已经发表了一些重要的控制理论成果，如英国物理学家麦克斯韦 1868 年发表了反馈系统稳定性方面的论文，俄国力学家李雅普诺夫 1892 年在其博士论文中提出了以他名字命名的李雅普诺夫稳定性理论。

20 世纪 40 年代形成了以单输入单输出线性定常系统的分析与设计方法为主要内容的古典控制理论。古典控制理论又被称为经典控制理论，它使用传递函数描述被控对象，包括时域法、根轨迹法和频域法三类典型方法。古典控制理论为单输入单输出线性定常系统的稳定性、稳态性能和暂态性能分析及控制规律（也称校正装置、控制器、调节器、控制律）设计提供了有效的方法。

20 世纪 50 年代以后，航天技术对控制理论提出了新需求，现代控制理论应运而生。现代控制理论包括以状态空间模型为基础的线性系统理论、以极大值原理和贝尔曼动态规划为主要内容的最优控制理论，以模型参考自适应控制理论和自校正控制为主要内容的自适应控制理论，以及以卡尔曼滤波及其扩展算法为主要内容的最优滤波理论等。与古典控制在拉普拉斯域和频率域等变换域开展分析与设计不同，现代控制理论回到了时间域进行控制问题的定义和求解。现代控制理论研究了系统的能控性、能观性、状态反馈、状态估计等古典控制中不存在的新问题，并且可以有效处理多输入多输出系统的控制问题。

在不能够建立被控对象较为精确的数学模型的情况下，现代控制理论设计的控制律可能会效果不佳甚至导致闭环系统不稳定。为此又产生了一些新的控制理论，如预测控制[2]、鲁棒控制[3-5]、自抗扰控制[6]等。预测控制是一类基于优化的控制策略的总称。它充分利用了计算机的计算能力，在线进行模型预测、滚动优化和反馈校正三项操作，能够有效处理控制系统中存在的物理、资源、安全等多种约束，在化工、石化、冶金等行业有很多成功应用。鲁棒控制研究的是在被控对象模型不精确或存在外界干扰的情况下，如何设计控制规律保证系统稳定或性能不退化的问题。早期的鲁棒控制理论包括定量反馈理论、H_∞控制、滑模控制等。随着线性矩阵不等式被引入控制理论研究，时滞系统、模糊系统、随机系统等各类复杂系统的鲁棒控制研究也取得了很大的进展。自抗扰控制是我国学者韩京清研究员提出的一种新型控制算法。它将被控对象的建模误差和外界干扰都视为施加在对象上的扰动，进行状态扩张，进而设计跟踪微分器、扩张状态观测器和误差反馈控制器实现输出跟踪和扰动的有效抑制，在电力系统控制、飞行控制、车辆控制、机器人控制等方面都有成功的应用。

当前控制理论还在持续发展的过程中，多智能体控制、事件触发控制、强化学习、深度神经网络等新的问题和方法相关的控制理论成果不断涌现，深刻影响着当前的技术进步。

由于多数控制理论是建立在数学模型的基础上的，控制理论也需要研究系统的建模问题。传统上系统建模方法可以分为机理建模和实验辨识建模两种类型。机理建模要求研究人员以被控对象的运动机理（如物理或化学规律）为基础，通过合理的假设和简化建立对象的数学模型。实验辨识建模则是首先在被控对象上施加事先设计好的辨识输入，收集系统的响应数据，使用辨识算法计算得到被控对象的数学模型。系统辨识的算法包括以阶跃响应、脉冲响应或频率特性曲线拟合为代表的古典辨识算法，以极大似然法、最小二乘法等为代表的现代辨识算法以及20世纪90年代建起的子空间辨识算法。古典辨识算法易于理解，但在噪声情况下可能效果不佳。现代辨识算法以统计学和最优化理论为基础，强调理论的严谨性，但实际使用时可能会出现算法不收敛的情况，而且不容易应用于多输入多输出系统。子空间辨识算法以正交投影和斜投影为主要工具，可以直接得到多输入多输出被控对象的状态空间表达式，由于不需要递推计算，子空间算法不存在收敛性问题。

1.2　本书写作动机与结构安排

自动化专业控制理论类课程包括"自动控制原理""现代控制理论""智能控制""过程控制系统""计算机控制系统"等。我们在讲授这些课程的过程中使用和借鉴过多本经典教材，如文献 [1，7－16] 等。这些教材各具特色，较为清晰地介绍了控制理论的基本概念和方法，但是还存在一些值得进一步研究的问题。例如教材 [1] 介绍了动态误差系数法，但是，没有给出适合于计算机编程求解的动态误差系数计算方法；动态误差系数有无限项，其收敛性也值得研究。作为一种 PID 控制器参数整定方法，临界比例度法与闭环系统稳定性密切相关，这促使我们借助于稳定性理论研究一些具有特定结构的被控对象的临界比例度法参数与模型参数的关系。教材 [1] 中介绍的滞后校正和超前校正方法是试凑法，要求设计人员具有丰富的设计经验，有没有可能给出避免反复试凑的校正装置设计方法？对于能控的多输入多输出线性定常系统，能够将闭环极点配置到期望位置的状态反馈控制律不是唯一的，如何利用设计中存在的自由度得到具有特定性能的控制器？笔者对包括以上问题在内的多个系统建模、分析与控制问题开展研究，形成了本书的主要内容。书中部分内容已经被用于指导学生开展课程设计和毕业设计。

本书的结构安排如下：

第 1 章介绍了控制理论的发展历程和本书的写作动机与结构安排。

第 2 章介绍了基于 Simscape 的动态系统物理建模方法，基于粒子群优化的阶跃响应辨识算法，基于线性最小二乘和非线性最小二乘技术的频域辨识算法。

第 3 章介绍了动态误差系数的两种计算方法及对应的收敛条件，四类典型时延对象的稳定性判别公式，以及使用描述函数法需要解决的四个关键问题。

第 4 章介绍了基于非线性方程的串联滞后和超前校正装置设计方法，具有特定结构的被控对象的衰减曲线法和临界比例度法参数计算方法，单变量线性定常系统状态反馈输出跟踪控制律设计方法，基于差分进化算法的多输入线性定常系统极点配置控制律设计方法，以及最优控制律的直接法求解方法。

第 5 章对本书的内容进行了总结。

CHAPTER

2

第 2 章

系统建模

2.1 物理建模

2.1.1 引言

多数控制理论是以被控对象的数学模型为基础的。有了被控对象的数学模型，进行控制系统分析、设计与优化就有了依据。被控对象的数学建模是控制系统研究的基础问题，机理建模是数学建模的一类基本方法。运用机理建模在得到数学模型之后，需要检验模型能否正确描述实际被控对象。如果拥有被控对象的实物系统，可以在系统上开展实验，利用收集的数据进行模型检验。在缺少实物系统的情况下，工程师可以使用 Simscape 建立机械、电气、液压等系统的物理模型，使用物理模型检验数学建模的正确性。除此之外，物理模型还具有为系统辨识提供虚拟的实验数据，为控制器设计提供虚拟被控对象等多种功能。

本节以基本的机械和电路系统为例，介绍使用 Simscape 进行物理建模的方法。

2.1.2 物理建模步骤

Simscape 的使用方法与基于 Simulink 的使用方法区别不大，这里以平动机械系统的物理建模为例说明物理建模的过程。

（1）在 Matlab 主窗口中选择"新建"一个"Simulink Model"，在弹出窗口中选择"Simscape"类型下的"Mechanical Translational"，如图 2.1 所示。得到的 Simulink 文件如图 2.2 所示，其中包含了 Simulink-PS Converter（将 Simulink 信号转换为物理信号）、PS-Simulink Converter（将物理信号转换为 Simulink 信号）、Solver Configuration（Simscape 求解器配置）、Mechanical Translational Reference（机械平移基准）和 Scope（示波器）五个模块，它们是进行平移系统建模时最常用的模块。Simulink 文件中同时包

括 Open Simscape Library 和 Open Mechanical Translational Elements Library 两个矩形框，双击它们可以选择需要的仿真模块，建模完成后可以将这两个矩形框删掉。

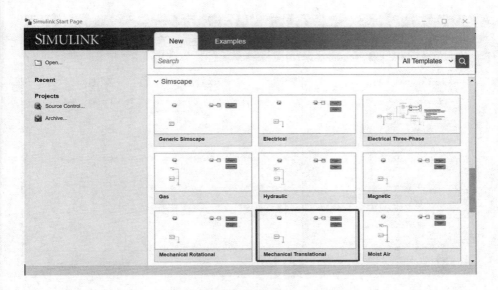

图 2.1　新建一个 Simulink 文件

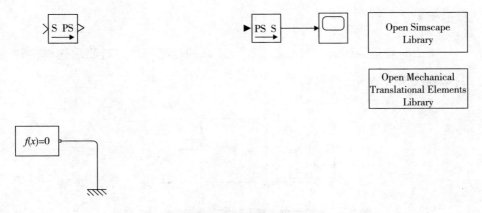

图 2.2　在缺省情况下平动系统的 Simscape 框图

（2）在如图 2.3 所示的 "Simulink Library Browser" 窗口中选择合适的模块加入图 2.2 中，按照平动机械系统的原理图将各模块连接起来并为各模块设置合适的参数值。平动系统物理建模常用的模块包括图 2.3 中的 Mass、Translational Spring、Translational Damper 和 Mechanical Translational Reference 等。

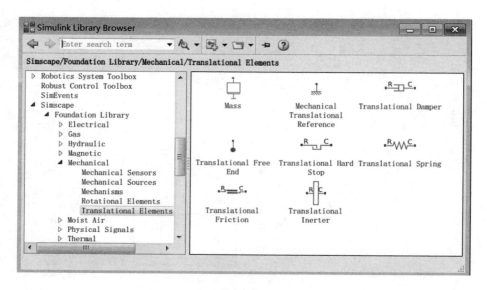

图 2.3　平动系统物理建模模块选择

2.1.3　案例研究

下面对质量 – 弹簧 – 阻尼器系统、无源和有源网络进行物理建模，并与机理建模的结果进行对比。

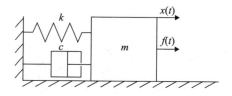

图 2.4　单自由度质量 – 弹簧 – 阻尼器系统示意图

例 2.1：考虑图 2.4 所示的单自由度质量 – 弹簧 – 阻尼器系统，其中质量 $m = 1\text{kg}$，弹簧刚度系数 $k = 100\text{N/m}$，阻尼系数 $c = 1\text{N/}（\text{m} \cdot \text{s}）$，假

设地面光滑，以作用于 m 的水平方向外力 $f(t)$ 作为系统输入，m 的位移 $x(t)$ 作为系统输出，试建立系统的机理模型和物理模型，比较两模型的单位阶跃响应。

解：根据牛顿第二定律可以得到如图 2.4 所示的单自由度质量 – 弹簧 – 阻尼器系统的时域数学模型

$$m\ddot{x}(t) + c\dot{x}(t) + kx(t) = f(t) \tag{2.1}$$

零初始条件下对式（2.1）进行拉氏变换，可以得到质量 – 弹簧 – 阻尼器系统的传递函数

$$G(s) = \frac{X(s)}{F(s)} = \frac{1}{ms^2 + cs + k} = \frac{1}{s^2 + s + 100} \tag{2.2}$$

其中：$X(s)$ 和 $F(s)$ 分别为 $x(t)$ 和 $f(t)$ 的拉氏变换。

在"Simulink Library Browser"窗口中选择表 2.1 中的模块，根据图 2.4 进行物理建模，搭建好的物理模型见图 2.5，为了便于比较，图 2.5 中同时包含了质量 – 弹簧 – 阻尼器系统的机理模型。

表 2.1 单自由度质量 – 弹簧 – 阻尼器系统物理建模使用的模块及其功能

模块	功能
Mass	模拟质量 m
Translational Damper	模拟阻尼 c
Translational Spring	模拟弹簧刚度系数 k
Ideal Translational Motion Sensor	测量位移
Step	提供阶跃输入
To Workspace	将数据导入 Matlab 环境
Scope	输出位移波形
Simulink-PS Converter	将 Simulink 信号转换为物理信号
PS-Simulink Converter	将物理信号转换为 Simulink 信号
Solver Configuration	求解器配置参数

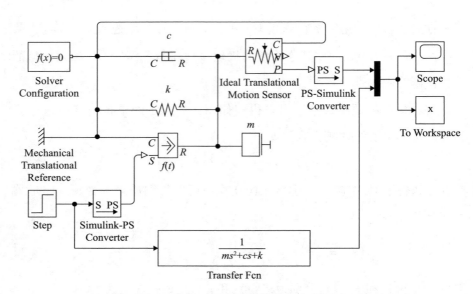

图2.5 单自由度质量－弹簧－阻尼器系统物理模型与机理模型

图 2.5 中的 "To Workspace" 模块将物理模型和机理模型的单位阶跃响应数据导入 Matlab 的工作区（Workspace），使用 plot 命令绘制导入的阶跃响应，如图 2.6 所示。观察图 2.6 可知，物理模型和机理模型的单位阶跃响应曲线重合，说明物理模型和式（2.2）的机理模型表达的输入输出关系是一致的。

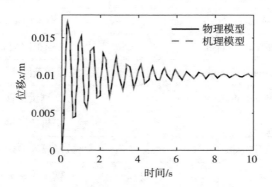

图2.6 例2.1 物理模型与机理模型的单位阶跃响应

例 2.2：如图 2.7 所示的两自由度质量－弹簧－阻尼器系统中 $m_1 = 1\text{kg}$、$m_2 = 2\text{kg}$、$k_1 = 50\text{N/m}$、$k_2 = 80\text{N/m}$、$c_1 = 2\text{N/}$（m · s）、$c_2 = 1\text{N/}$

（m·s）、m_1 和 m_2 的位移分别为 x_1（t）和 x_2（t）。假设地面光滑，以作用于 m_2 上的水平方向外力 f（t）作为系统输入，位移 x_2（t）作为系统输出，试建立系统的机理模型和物理模型，比较两模型的单位阶跃响应。

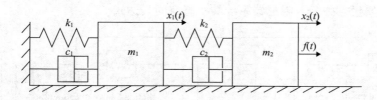

图 2.7　两自由度质量－弹簧－阻尼器系统示意图

解：根据牛顿第二定律可以得到如图 2.7 所示的两自由度质量－弹簧－阻尼器系统的时域数学模型

$$m_1 \ddot{x}_1(t) + c_1 \dot{x}_1(t) + k_1 x_1(t) - c_2 [\dot{x}_2(t) - \dot{x}_1(t)] -$$

$$k_2 [x_2(t) - x_1(t)] = 0 \tag{2.3}$$

$$m_2 \ddot{x}_2(t) + c_2 [\dot{x}_2(t) - \dot{x}_1(t)] + k_2 [x_2(t) - x_1(t)] = f(t)$$

将式（2.3）写成矩阵二阶系统形式，有

$$M \begin{bmatrix} \ddot{x}_1(t) \\ \ddot{x}_2(t) \end{bmatrix} + C \begin{bmatrix} \dot{x}_1(t) \\ \dot{x}_2(t) \end{bmatrix} + K \begin{bmatrix} x_1(t) \\ x_2(t) \end{bmatrix} = F f(t) \tag{2.4}$$

其中：

$$M = \begin{bmatrix} m_1 & 0 \\ 0 & m_2 \end{bmatrix}, C = \begin{bmatrix} c_1 + c_2 & -c_2 \\ -c_2 & c_2 \end{bmatrix}, K = \begin{bmatrix} k_1 + k_2 & -k_2 \\ -k_2 & k_2 \end{bmatrix}, F = \begin{bmatrix} 0 \\ 1 \end{bmatrix}$$

分别为质量矩阵、阻尼矩阵、刚度矩阵和强迫输入矩阵。取状态

$$x(t) = \begin{bmatrix} x_1(t) & x_2(t) & \dot{x}_1(t) & \dot{x}_2(t) \end{bmatrix}^T$$

式（2.4）可以进一步表示为状态空间表达式

$$\dot{x}(t) = \begin{bmatrix} 0_{2\times2} & I_{2\times2} \\ -M^{-1}K & -M^{-1}C \end{bmatrix} x(t) + \begin{bmatrix} 0_{2\times2} \\ M^{-1}F \end{bmatrix} f(t) \tag{2.5}$$

$$y(t) = \begin{bmatrix} 0 & 1 & 0 & 0 \end{bmatrix} x(t)$$

将具体参数值代入式（2.5）就可以完成机理建模过程。

物理建模时，仍然使用表2.1中的模块，按照图2.7进行物理建模，搭建好的物理模型如图2.8所示。为了便于比较，图2.8中同时包含了两自由度质量－弹簧－阻尼器系统的状态空间表达式。

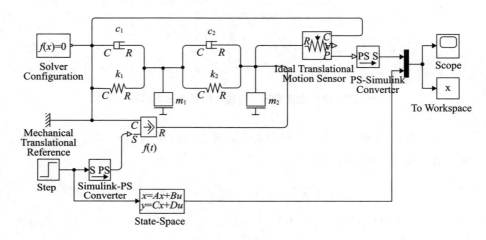

图2.8 两自由度质量－弹簧－阻尼器系统物理模型与机理模型

机理模型式（2.5）和物理模型的单位阶跃响应如图2.9所示。观察图2.9可知，机理模型和物理模型的单位阶跃响应曲线是重合的，说明机理建模的结果是正确的。

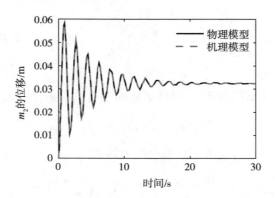

图2.9 例2.2 机理模型和物理模型的单位阶跃响应

例 2.3：如图 2.10 所示的 RLC 电路，电阻 $R = 400\ \Omega$，电感 $L = 0.1\mathrm{H}$，电容 $C = 1 \times 10^{-6}\mathrm{F}$，要求以电源电压 $u_\mathrm{i}(t)$ 作为系统输入，电容电压 $u_\mathrm{o}(t)$ 作为系统输出，建立系统的机理模型和物理模型，比较两模型的单位阶跃响应，计算 RLC 电路的峰值时间和超调量。

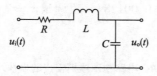

图 2.10 RLC 电路原理图

解：使用复阻抗法可知 RLC 电路的传递函数为

$$G(s) = \frac{U_\mathrm{o}(s)}{U_\mathrm{i}(s)} = \frac{\dfrac{1}{Cs}}{Ls + R + \dfrac{1}{Cs}} = \frac{1}{LCs^2 + 1 \times RCs + 1} = \qquad (2.6)$$

$$\frac{1}{1 \times 10^{-7}s^2 + 4 \times 10^{-4}s + 1}$$

其中：$U_\mathrm{o}(s)$ 和 $U_\mathrm{i}(s)$ 分别是 $u_\mathrm{o}(t)$ 和 $u_\mathrm{i}(t)$ 的拉氏变换，该机理模型的无阻尼振荡频率

$$\omega_\mathrm{n} = \frac{1}{\sqrt{LC}} = \frac{1}{\sqrt{1 \times 10^{-7}}} = 3162.28\mathrm{rad/s}$$

阻尼比

$$\zeta = \frac{RC}{2\sqrt{LC}} = \frac{R}{2}\sqrt{\frac{C}{L}} = \frac{400}{2}\sqrt{\frac{1 \times 10^{-6}}{0.1}} = 0.6325$$

故，理论上峰值时间

$$t_\mathrm{p} = \frac{\pi}{\omega_\mathrm{n}\sqrt{1 - \zeta^2}} = \frac{3.14159}{3162.28\sqrt{1 - 0.6325^2}} = 0.00128\ \mathrm{s}$$

超调量

$$\sigma_\mathrm{p} = e^{-\frac{\zeta\pi}{\sqrt{1 - \zeta^2}}} \times 100\% = 7.69\%$$

在物理建模方面，选取表 2.2 中的模块，在 Simulink 中按照图 2.10 搭

建仿真文件，如图 2.11 所示，该仿真文件中同时包含了式（2.6）给出的机理模型。

机理模型和物理模型的阶跃响应如图 2.12 所示，由图 2.12 可知，机理模型和物理模型的单位阶跃响应是一致的。根据物理模型的单位阶跃响应曲线可知峰值时间 $t_p = 0.00128s$，超调量 $\sigma_p = 7.69\%$，与根据机理模型得到的结果是一致的。

表 2.2 *RC* 电路物理建模使用的模块及其功能

模块	功能
Step	提供受控电压源控制信号
Controlled Current Source	提供输入电压
Resistor	模拟电阻 R
Capacitor	模拟电容 C
Inductor	模拟电感 L
Voltage Sensor	测量电压
Electrical Reference1	提供参考地
To Workspace	将数据导入 Matlab 环境
Scope	显示波形
Simulink-PS Converter	将 Simulink 信号转换为物理信号
PS-Simulink Converter	将物理信号转换为 Simulink 信号
Solver Configuration	配置求解器参数

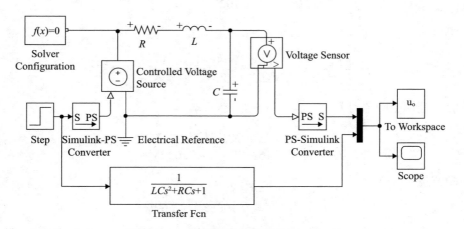

图 2.11 *RLC* 电路物理模型与机理模型

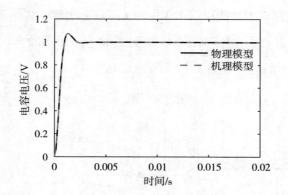

图 2.12 *RLC* 电路机理模型和物理模型的单位阶跃响应

例2.4：考虑图2.13所示的有源网络，电容 $C = 1 \times 10^{-4}$F，电阻 $R_1 = 1 \times 10^4 \Omega$、$R_2 = 2 \times 10^4 \Omega$、$R_3 = 2 \times 10^4 \Omega$、$R_4 = 2 \times 10^4 \Omega$，以电源电压 $u_i(t)$ 作为系统输入，第二个运算放大器的输出电压 $u_o(t)$ 作为系统输出，试建立系统的机理模型和物理模型。

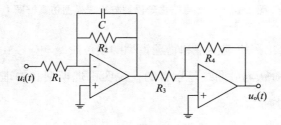

图 2.13 有源网络电路原理图

解：根据理想运算放大器虚短虚断的特性，使用复阻抗法可知有源网络的传递函数

$$G(s) = \frac{U_o(s)}{U_i(s)} = -\frac{\dfrac{R_2 \times \dfrac{1}{Cs}}{R_2 + \dfrac{1}{Cs}}}{R_1} \times \left(-\frac{R_4}{R_3} \right) = \frac{R_2 R_4}{R_1 R_3 (R_2 Cs + 1)} = \frac{2}{2s + 1} \quad (2.7)$$

其中：$U_o(s)$ 和 $U_i(s)$ 分别是 $u_o(t)$ 和 $u_i(t)$ 的拉氏变换。

在物理建模方面，使用表 2.2 中除 Inductor 之外的其他模块，在 Simulink 中按照图 2.13 搭建仿真文件，如图 2.14 所示，图 2.14 中同时包含了式（2.7）给出的机理模型。

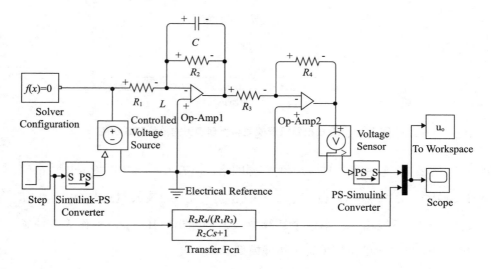

图 2.14 运放电路物理模型与机理模型仿真框图

图 2.15 给出了机理模型和物理模型的单位阶跃响应。由图 2.15 可知，两模型的单位阶跃响应曲线是重合的，说明机理模型和物理模型反映了相同的输入输出关系。

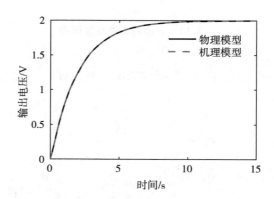

图 2.15 有源网络机理模型和物理模型的单位阶跃响应

2.2 阶跃响应辨识建模

2.2.1 引言

除了使用机理分析方法建立被控对象的数学模型，系统辨识是控制系统数学建模的另一类主要方式。通俗地讲，系统辨识需要在被控对象上施加事先设计好的辨识信号，采集系统的响应信号，确定被控对象的模型及其参数，使得在相同的输入下模型的输出与采集的响应尽可能地接近。根据阶跃响应和频率响应的定义可以构造一些简单的系统辨识算法，它们通常被称为传统系统辨识理论，能够应用于很多类型的被控对象。现代系统辨识理论是以统计学和最优化理论为基础的，本书不涉及相关内容。

2.2.2 阶跃响应辨识原理

系统辨识可以分为时域方法和频域方法，本节讨论时域方法。若被控对象稳定且允许在其上施加阶跃输入信号，则阶跃响应辨识算法的原理可以表示为图 2.16。

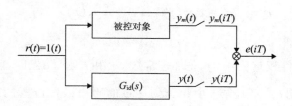

图 2.16　阶跃响应辨识原理图

阶跃响应辨识的过程分为三步。首先要在被控对象上行开环阶跃响应测试，以 T 为采样周期对系统响应 $y_m(t)$ 进行采样，记录系统响应信号的采样值 $y_m(iT)$，$i=0,1,2,\cdots,I$。其次要确定模型的结构，如果使用传递函数模型

$$G_{id}(s) = \frac{b_m s^m + b_{m-1} s^{m-1} + \cdots + b_1 s + b_0}{a_n s^n + a_{n-1} s^{n-1} + \cdots + a_1 s + a_0} e^{-\tau s}$$

描述被控对象，模型结构指的是传递函数分子多项式阶次 m 和分母多项式阶次 n 以及系统是否有时延。最后是找到式（2.8）定义的目标函数的最优解以确定模型参数。

$$\min J(\mathrm{a}, \mathrm{b}, \tau) = \sum_{i=0}^{I} (y_m(iT) - y(iT))^2 \qquad (2.8)$$

其中 $\mathrm{a} = [a_n, a_{n-1}, \cdots, a_1, a_0]^T, \mathrm{b} = [b_m, b_{m-1}, \cdots, b_1, b_0]^T$。

这里使用粒子群优化算法[17]求解该优化问题。粒子群优化是一类基于群体的优化算法。本节使用粒子群优化算法求解式（2.8）定义的目标函数。粒子群优化是模拟鸟类觅食过程形成的一种群智能优化算法，在函数优化和组合优化问题中有广泛的应用。

粒子群由固定数量的粒子构成，每个粒子有位置和速度两个参数。粒子群优化通过更新各个粒子的速度和位置逐渐逼近优化问题的最优解。

对于一个 l 维优化问题，假设群体中一共有 N 个粒子，设第 j（$j=1$, 2, $\cdots$, N）个粒子的第 k（$k=1$, 2, $\cdots$, l）个位置和速度分量分别为 x_k^j 和 v_k^j，粒子群优化算法的速度和位置更新公式分别为：

$$v_k^j = w v_k^j + c_1 r_1 (p_k^j - x_k^j) + c_2 r_2 (p_k^b - x_k^j) \qquad (2.9)$$

$$x_k^j = x_k^j + v_k^j \qquad (2.10)$$

其中：w 为惯性权重，c_1 和 c_2 是加速常数，r_1 和 r_2 是 $[0, 1]$ 区间内符合均匀分布的随机数，p_k^j 是第 j 个粒子到达过的历史最优位置的第 k 个分量，p_k^b 是全体粒子到达过的历史最优位置的第 k 个分量。粒子群优化算法的流程如图 2.17 所示。

在获取了被控对象的阶跃响应数据并且模型结构已知的情况下，使用粒子群优化算法求解模型参数 a、b 和 τ 的步骤为：

（1）设定算法参数，包括粒子总数 N，最大搜索代数 Gen，惯性权重 w，加速常数 c_1 和 c_2，粒子位置和速度的上下界。令当前搜索代数 $g=0$。

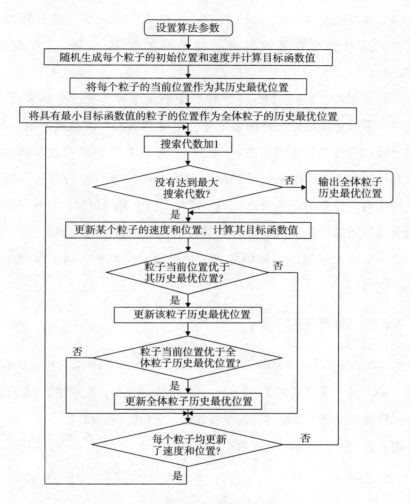

图 2.17　粒子群优化算法流程

（2）随机生成每个粒子的位置和速度。对每个粒子重复如下操作：将该粒子的位置和速度分别记为该粒子的历史最优位置和历史最优速度；将该粒子的位置转换为模型参数 a、b 和 τ，计算得到模型的阶跃响应，代入式（2.8）的目标函数得到该粒子对应的目标函数值。

（3）找到具有最小目标函数值的粒子，将其位置记为全体粒子到达过的历史最优位置。

（4）令当前搜索代数 $g = g + 1$。若 $g > Gen$，结束搜索，输出全体粒子到达过的历史最优位置及其对应的模型参数 a、b 和 τ；否则进入步骤（4）。

（5）根据式（2.9）和式（2.10）更新每个粒子的位置和速度，若粒子的位置或速度越过允许的上下界，则将其取为对应的边界值。将粒子的当前位置转换为模型参数 a、b 和 τ，求计算得到模型的阶跃响应，代入式（2.8）的目标函数得到该粒子的当前位置对应的目标函数值。若某粒子当前位置的目标函数值小于该粒子历史最优位置的目标函数值，则更新该粒子的历史最优位置。若某粒子当前位置的目标函数值小于全体粒子历史最优位置的目标函数值，则更新全体粒子的历史最优位置。返回步骤（4）。

2.2.3　案例研究

例 2.5：设电阻 $R_1 = 200\mathrm{k}\,\Omega$，$R_2 = 100\mathrm{k}\,\Omega$，$R_3 = 100\mathrm{k}\,\Omega$，$R_4 = 100\mathrm{k}\,\Omega$，电容 $C = 47\,\mu\mathrm{F}$，采样周期 $T = 0.01\mathrm{s}$，实验时间为 $50\mathrm{s}$，使用图 2.15 给出的有源网络物理模型生成单位阶跃响应数据，进行时域辨识。

解：设待辨识模型的形式为

$$G_{\mathrm{id}}(s) = \frac{b}{s + a}$$

运行参数优化程序时设 $b \in [0, 2]$，$a \in [0, 2]$，粒子群优化算法参数粒子数 $N = 20$，最大搜索代数 $Gen = 100$，$c_1 = 1.5$，$c_2 = 1.5$。粒子群优化算法得到的最优参数为 $a = 0.2128$，$b = 0.1064$，则辨识模型为

$$G_{\mathrm{id}}(s) = \frac{0.1064}{s + 0.2128}$$

图 2.18 给出了辨识模型的单位阶跃响应与辨识数据，观察图 2.18 可知，粒子群优化算法得到了有源网络较为精确的数学模型。

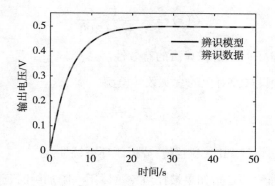

图 2.18 运放电路辨识模型的单位阶跃响应与辨识数据比较图

图 2.15 的机理模型为

$$G(s) = \frac{R_2 R_4}{R_1 R_3 (R_2 Cs + 1)} = \frac{0.5}{4.7s + 1} = \frac{0.1064}{s + 0.2128}$$

与辨识模型是一致的，也说明了时域辨识是成功的。

例 2.6：令质量 $m = 1\text{kg}$，弹簧刚度系数 $k = 100\text{N/m}$，阻尼系数 $c = 1\text{N/}$ $(\text{m} \cdot \text{s})$，设采样周期 $T = 0.01\text{s}$，实验时间为 50s，使用图 2.6 给出的质量 – 弹簧 – 阻尼器系统的物理模型生成单位阶跃响应数据，进行时域辨识。

解：将质量 – 弹簧 – 阻尼器系统物理模型的单位阶跃响应导入 Matlab 的工作区作为辨识数据。考虑到质量 – 弹簧 – 阻尼器系统是一类欠阻尼系统，设待辨识模型的形式为

$$G_{\text{id}}(s) = \frac{b}{s^2 + 2\xi\omega_n s + \omega_n^2}$$

其中：阻尼比 $\xi \in [0, 1]$。运行参数优化程序时设 $b \in [0, 30]$，$\omega_n \in [0, 30]$，粒子群优化算法参数粒子数 $N = 50$，最大搜索代数 $Gen = 200$，$c_1 = 1.5$，$c_2 = 1.5$。粒子群优化得到的模型为

$$G_{\text{id}}(s) = \frac{1}{s^2 + 1.001s + 100}$$

机理模型

$$G(s) = \frac{1}{s^2 + s + 100}$$

基本一致，验证了时域辨识算法的有效性。

例 2.7：假设被控对象的真实数学模型

$$H(s) = \frac{5}{(s + 1)^4}$$

使用反应曲线法设计 PID 控制器，分析闭环系统性能。

解：反应曲线法是指如果被控对象可以用一阶加纯时延模型

$$G_{id}(s) = \frac{K}{Ts + 1}e^{-\tau s}$$

描述，则 PID 控制器参数可以通过表 2.3 给出的公式得到。

表 2.3 反应曲线法 PID 控制器参数整定表[10]

调节规律	$C(s)$	δ	T_I	T_D
P	$\frac{1}{\delta}$	$\frac{K\tau}{T}$		
PI	$\frac{1}{\delta}\left(1 + \frac{1}{T_I s}\right)$	$\frac{1.1K\tau}{T}$	3.3τ	
PID	$\frac{1}{\delta}\left(1 + \frac{1}{T_I s} + T_D s\right)$	$\frac{0.85K\tau}{T}$	2τ	0.5τ

设单位阶跃响应信号的采样周期为 $T = 0.1s$，未知参数 $K \in [0, 10]$，$T \in [0, 10]$，$\tau \in [0, 10]$，粒子群优化算法参数粒子数 $N = 20$，最大搜索代数 $Gen = 200$，$c_1 = 1.5$，$c_2 = 1.5$。使用粒子群优化算法得到传递函数模型

$$G_{id}(s) = \frac{5.0659}{2.4786s + 1}e^{-1.7760s}$$

$H(s)$ 和 $G_{id}(s)$ 的单位阶跃响应如图 2.19 所示，由图 2.19 可知两者基本重合，可以根据 $G_{id}(s)$ 设计 PID 控制器。

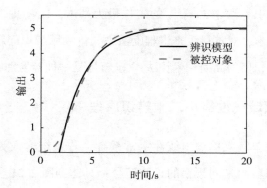

图 2. 19　辨识模型与被控对象的阶跃响应

根据表 2. 3 计算可得 PID 控制器

$$C(s) = 0.3241 + \frac{0.09125}{s} + 0.2878s$$

闭环系统的单位阶跃响应如图 2. 20 所示，由图 2. 20 可知闭环系统没有稳态误差，峰值时间 $t_p = 1.04\text{s}$，超调量 $\sigma_p = 3.71\%$，调节时间 $t_s = 8.10\text{s}$。

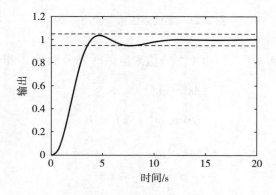

图 2. 20　例 2. 7 闭环系统的单位阶跃响应

2.3　频率响应辨识建模

2.3.1　引言

频域辨识问题已有大量研究报道，具体可见文献 [18 – 22] 及其参考文献。各种频域辨识算法中 Levy[19] 的工作最为基本，Levy 提出的算法使用了线性最小二乘技术，对本科生来讲难度适中。将频域辨识问题视为一种非线性最小二乘问题，使用高斯 – 牛顿法[23] 求解也是一种容易理解的思路。

2.3.2 频域线性最小二乘辨识原理

对于稳定的单输入单输出线性定常系统，若系统输入为特定频率的正弦信号，则稳态输出是同频率的正弦信号。具体到图 2.21 所示的线性对象 $G(s)$，若输入 $u(t) = A\sin(\omega t)$，则稳态输出可以表示为 $y_{ss}(t) = B\sin(\omega t + \varphi)$，并且有

$$G(\mathrm{j}\omega) = \frac{B}{A}\mathrm{e}^{\mathrm{j}\varphi} \qquad (2.11)$$

成立。

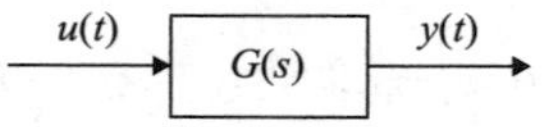

图 2.21　线性系统输入输出关系

设 $u(t)$ 和 $y_{ss}(t)$ 第 k 个峰值对应的时间分别为 t_u^k 和 t_y^k，即

$$A\sin(\omega t_u^k) = A$$
$$B\sin(\omega t_y^k + \varphi) = B \qquad (2.12)$$

则有

$$\varphi = \omega(t_u^k - t_y^k) \qquad (2.13)$$

在 L 个不同的频率处分别进行频率响应实验，记录频率 ω_i（$i = 1$，2，$\cdots$，L）处正弦输入的幅值 A_i 及其对应的稳态输出的幅值 B_i，选择一个充分大的 k，使用式（2.13）计算得到初相角 φ_i，就能够利用式（2.11）求出频率 ω_i 处频率特性的测量值，记为 $G_m(\mathrm{j}\omega_i)$。

有了 L 个不同频率处的频率特性测量值，可以进一步使用线性最小二乘法计算对象的传递函数模型。下面以一阶系统

$$G(s) = \frac{b}{as + 1} \tag{2.14}$$

为例，推导传递函数 $G(s)$ 的计算方法。在频率 ω_i 处，忽略测量误差，有

$$G(j\omega_i) = \frac{b}{aj\omega_i + 1} = G_m(j\omega_i) \tag{2.15}$$

成立，由式（2.15）容易知道对每个频率 ω_i 均有

$$[- j\omega_i G_m(j\omega_i) \quad 1] \begin{bmatrix} a \\ b \end{bmatrix} = G_m(j\omega_i) \tag{2.16}$$

成立，故可令

$$P = \begin{bmatrix} - j\omega_1 G_m(j\omega_1) & 1 \\ - j\omega_2 G_m(j\omega_2) & 1 \\ \vdots & \vdots \\ - j\omega_L G_m(j\omega_L) & 1 \end{bmatrix} \tag{2.17}$$

$$Q = \begin{bmatrix} G_m(j\omega_1) \\ G_m(j\omega_2) \\ \vdots \\ G_m(j\omega_L) \end{bmatrix} \tag{2.18}$$

则有

$$P \begin{bmatrix} a \\ b \end{bmatrix} = Q \tag{2.19}$$

式（2.19）是一个复数线性代数方程组，可以使用伪逆法求得该方程组实数形式的最小二乘解。

$$\begin{bmatrix} a \\ b \end{bmatrix} = \begin{bmatrix} \mathrm{Re}(P) \\ \mathrm{Im}(P) \end{bmatrix}^+ \begin{bmatrix} \mathrm{Re}(Q) \\ \mathrm{Im}(Q) \end{bmatrix} \tag{2.20}$$

综上所述，若待建模对象为一阶系统，则其频域辨识建模的步骤为：

步骤 1：选定第一个正弦输入信号的频率 ω_1 和幅值 A_1，在对象上做频率响应实验。记录稳态输出的幅值 B_1，结合根据式（2.13）求得的稳态输出的初相角 φ_1，利用式（2.11）得到频率 ω_1 处频率特性的测量值 $G_m(j\omega_1)$。

步骤 2：对于其他 $L-1$ 个频率，重复步骤 1。

步骤 3：使用式（2.20）计算模型参数 a 和 b，得到传递函数模型。

上述过程也可以用于更复杂的被控对象的频域辨识建模。例如，若待建模对象为二阶系统

$$G(s) = \frac{b}{a_2 s^2 + a_1 s + 1} \tag{2.21}$$

则根据频域线性最小二乘辨识算法其模型参数可以由

$$\begin{bmatrix} a_2 \\ a_1 \\ b \end{bmatrix} = \begin{bmatrix} \mathrm{Re}(P) \\ \mathrm{Im}(P) \end{bmatrix}^+ \begin{bmatrix} \mathrm{Re}(Q) \\ \mathrm{Im}(Q) \end{bmatrix} \tag{2.22}$$

计算得到，其中

$$P = \begin{bmatrix} \omega_1^2 G_m(j\omega_1) & -j\omega_1 G_m(j\omega_1) & 1 \\ \omega_2^2 G_m(j\omega_2) & -j\omega_2 G_m(j\omega_2) & 1 \\ \vdots & \vdots & \vdots \\ \omega_L^2 G_m(j\omega_L) & -j\omega_L G_m(j\omega_L) & 1 \end{bmatrix} \tag{2.23}$$

Q 仍然为式（2.18）。

2.3.3 频域非线性最小二乘辨识原理

对于低阶模型，频域线性最小二乘辨识算法的缺点有不能直接用于辨识带时延的对象，对象阶次高时低频段拟合效果差等。本小节介绍无时延系统频域非线性最小二乘辨识算法，可以按照相似的思路得到有时延系统的频域非线性最小二乘辨识算法。

单输入单输出线性定常系统的传递函数模型可以表示为:

$$G(s) = \frac{N(s)}{D(s)} = \frac{\sum_{k=0}^{m} b_k s^k}{\sum_{k=0}^{n} a_k s^k} \tag{2.24}$$

频域辨识所要解决的问题是: 根据实验测得的对象幅频响应 G_{m} $(j\omega_i)$, $i = 1, 2, \cdots, L$, 估计式 (2.24) 中的未知参数 $a_k = 1$, $k = 0, 1,$ $2, \cdots, n$ 和 $b_k = 1$, $k = 0, 1, 2, \cdots, m$。

不失一般性, 令 $a_n = 1$, 记 $\mathrm{a} = [a_0, a_1, \cdots, a_{n-2}, a_{n-1}]^T$, $\mathrm{b} = [b_0, b_1, \cdots, b_{m-1}, b_m]^T$。上述频域辨识问题的解可以通过极小化式 (2.25) 定义的目标函数得出。

$$\min f(\mathrm{a,b}) = \frac{1}{2} \mathrm{r}^T(\mathrm{a,b}) \, \mathrm{r}^*(\mathrm{a,b}) = \frac{1}{2} \sum_{i=1}^{L} |r_i(\mathrm{a,b})|^2 \tag{2.25}$$

$$= \frac{1}{2} \mathrm{R}^T(\mathrm{a,b}) \mathrm{R}(\mathrm{a,b})$$

其中

$$r_i(\mathrm{a,b}) = G_{\mathrm{m}}(j\omega_i) - G(j\omega_i) = G_{\mathrm{m}}(j\omega_i) - \frac{N(j\omega_i)}{D(j\omega_i)}$$

$$= G_{\mathrm{m}}(j\omega_i) - \frac{\sum_{k=0}^{m} b_k (j\omega_i)^k}{\sum_{k=0}^{n} a_k (j\omega_i)^k}, \qquad i = 1, \cdots, L \tag{2.26}$$

$$\mathrm{r}(\mathrm{a,b}) = [r_1(\mathrm{a,b}) \quad r_2(\mathrm{a,b}) \quad \cdots \quad r_L(\mathrm{a,b})]^T \tag{2.27}$$

$$R(a,b) = \begin{Bmatrix} \mathrm{Re}[\mathrm{r}(\mathrm{a,b})] \\ \mathrm{Im}[\mathrm{r}(\mathrm{a,b})] \end{Bmatrix} \tag{2.28}$$

由式 (2.26) 容易知道, r (a, b) 对应的 Jacobi 矩阵 $\mathrm{J}_r = [\mathrm{J}_1 \ \mathrm{J}_2]$, J_1 和 J_2 的元素分别为:

$$\mathrm{J}_1(i,k) = \frac{N(j\omega_i)}{[D(j\omega_i)]^2} (^j\omega_i)k \qquad i = 1, \cdots, L; \quad k = 0, \cdots, n-1 \tag{2.29}$$

$$\mathrm{J}_2(i,k) = -\frac{1}{D(j\omega_i)} (^j\omega_i)k \qquad i = 1, \cdots, L; \quad k = 0, \cdots, m$$

故 R (a, b) 对应的 Jacobi 矩阵

$$J_R = \begin{bmatrix} \mathrm{Re}\, J_r \\ \mathrm{Im}\, J_r \end{bmatrix}$$

这里采用阻尼高斯 - 牛顿法求解式 (2.25) 定义的非线性最小二乘问题, 阻尼高斯 - 牛顿法的第 t ($t=1, 2, \cdots$) 个迭代步需要完成的操作为:

(1) 求解方程

$$J_{R,t}^T J_{R,t}\, d_t = -J_{R,t}^T R_t$$

得到搜索方向 d_t;

(2) 沿 d_t 方向进行线性搜索, 确定步长 α_t, 得到第 t 步的参数值

$$\begin{bmatrix} a_t \\ b_t \end{bmatrix} = \begin{bmatrix} a_{t-1} \\ b_{t-1} \end{bmatrix} + \alpha_t\, d_t$$

线性搜索采用了 Armijo 准则[23], 其思想为: 开始时, 令 $\alpha = 1$, $x_t = [a_t^T, b_t^T]^T$, 如果 $x_t + \alpha d_t$ 使得目标函数值增大, 则减小 α, 直到 $x_t + \alpha d_t$ 不能使目标函数值增大为止。算法描述如下:

(1) 给定 $\rho \in (0, 0.5)$, $0 < l < u < 1$, $\alpha = 1$;

(2) 检验

$$f(x_t + \alpha\, d_t) \leqslant f(x_t) + \rho \alpha\, g_t^T\, d_t$$

是否成立, 其中梯度 $g = J_R^T R$ (a, b)。

(3) 若上式不满足, 则取 $\alpha = w\alpha$, 其中常数 $w \in [l, u]$, 转第 (2) 步, 如果满足, 取

$$\alpha_t = \alpha$$

$$x_{t+1} = x_t + \alpha_t d_t$$

2.3.4 案例研究

例 2.8: 使用频域线性最小二乘法辨识图 2.22 所示的 RC 电路, 图中电阻 $R = 1\ \Omega$, 电容 $C = 0.1\mathrm{F}$。

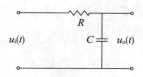

图 2.22 RC 电路原理图

解：使用 Simscape 的 Powerlib 模块组搭建 RC 电路仿真模型，具体选用的模块及其功能描述见表 2.4，搭建好的电路仿真图见图 2.23。

表 2.4 RC 电路仿真使用的模块及其功能

模块	功能
AC Voltage Source	提供辨识输入
Ground	提供公共地
Series RLC Branch	设置电阻、电感和电容的类型和参数
Voltage Measurement	测量输入、输出电压
powergui	设置仿真环境
To Workspace	将数据导入 Matlab 环境
Clock	提供时间数据

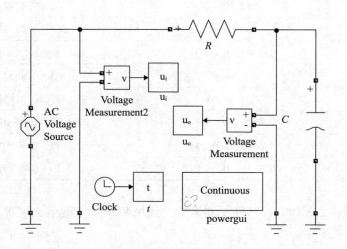

图 2.23 RC 电路仿真图

仿真时交流电源电压的幅值固定为 1V，电路中电阻 $R = 1\ \Omega$，电容 $C = 0.1F$；输入信号频率选为 $0.5 \sim 2.3Hz$，间隔为 $0.2Hz$。各次仿真时改变交流电源的频率可以测量不同频率处的输入、输出电压，并将数据存入 Workspace 中，便于后续处理。

Matlab 编程时较为关键的步骤是得到正弦输入、输出信号的峰值及其对应的时间，可以使用 Matlab 内嵌的 findpeaks 函数实现这一功能。

使用 ode4 求解器进行固定步长仿真，仿真步长取 0.01s，仿真时长设为 10s，电路仿真之后计算得到的频率特性测量值见表 2.5，表中同时给出了频率特性的理论值。由表 2.5 可知，频率特性的测量值与理论值基本一致，用来计算传递函数模型是合理的。

表 2.5 *RC* 电路频率特性数据

频率/Hz	频率特性	
	理论值	测量值
0.5	$0.9102 - 0.2859j$	$0.9073 - 0.2948j$
0.7	$0.8379 - 0.3685j$	$0.8445 - 0.3529j$
0.9	$0.7577 - 0.4285j$	$0.7602 - 0.4242j$
1.1	$0.6767 - 0.4677j$	$0.6685 - 0.4793j$
1.3	$0.5998 - 0.4899j$	$0.5746 - 0.5196j$
1.5	$0.5296 - 0.4991j$	$0.5305 - 0.4982j$
1.7	$0.4671 - 0.4989j$	$0.4487 - 0.5155j$
1.9	$0.4123 - 0.4923j$	$0.4307 - 0.4763j$
2.1	$0.3648 - 0.4814j$	$0.3642 - 0.4819j$
2.3	$0.3238 - 0.4679j$	$0.3019 - 0.4823j$

根据表 2.5 中频率特性的测量值，使用频域线性最小二乘辨识算法计算得到 *RC* 电路的传递函数模型为

$$G_{id}(s) = \frac{U_o(s)}{U_i(s)} = \frac{1.0071}{0.1018\ s + 1} \tag{2.30}$$

根据电路理论可知 RC 电路的理论模型为

$$G(s) = \frac{1}{0.1s + 1} \qquad (2.31)$$

对比式（2.30）和式（2.31），可知频域辨识得到了对象较为精确的数学模型。

例 2.9：使用频域线性最小二乘法辨识图 2.10 所示的 RLC 电路，图中电感 $L = 1H$，电阻 $R = 1\ \Omega$，电容 $C = 0.04F$。

解：对图 2.23 稍加修改，得到 RLC 电路仿真图，见图 2.24。

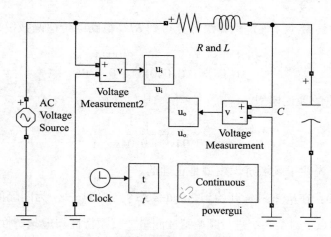

图 2.24 RLC 电路仿真图

仿真时输入信号频率选为 $0.5 \sim 1.4Hz$，间隔为 $0.1Hz$；其余仿真参数均与 RC 电路时相同，RLC 电路的频率特性数据见表 2.6。

表 2.6 RLC 电路频率特性数据

频率/Hz	频率特性	
	理论值	测量值
0.5	$1.5840 - 0.3289j$	$1.5787 - 0.3529j$
0.6	$2.0652 - 0.7217j$	$2.0630 - 0.7281j$
0.7	$2.7545 - 2.1421j$	$2.7572 - 2.1387j$
0.8	$-0.2626 - 4.9597j$	$-0.4362 - 4.9466j$

频率/Hz	频率特性	
	理论值	测量值
0.9	$-2.1625-1.7526j$	$-2.1113-1.8147j$
1.0	$-1.4531-0.6306j$	$-1.4326-0.6741j$
1.1	$-1.0054-0.3052j$	$-1.0012-0.3184j$
1.2	$-0.7433-0.1760j$	$-0.7485-0.1526j$
1.3	$-0.5771-0.1130j$	$-0.5764-0.1175j$
1.4	$-0.4642-0.0780j$	$-0.4654-0.0707j$

频域线性最小二乘辨识算法计算得到 RLC 电路的传递函数模型为

$$G_{id}(s) = \frac{U_o(s)}{U_i(s)} = \frac{1.0044}{0.0401s^2 + 0.0406s + 1}$$

与 RLC 电路的理论模型

$$G(s) = \frac{1}{0.04s^2 + 0.04s + 1}$$

基本一致，说明了频域辨识模型是正确的。

例 2.10：在从 2rad/s 开始到 20rad/s 终止，0.34rad/s 为间隔的 51 个等间距的频率点上对某系统进行频率特性测量，实频特性和虚频特性测量值如图 2.25 所示。试利用频域非线性最小二乘算法计算对象的传递函数模型。

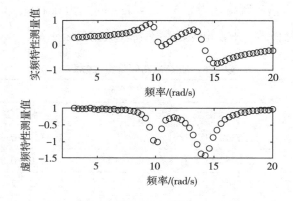

图 2.25　实频特性和虚频特性测量数据图

解：设系统分子和分母多项式的最高阶次分别为 2 和 4，分子和分母多项式各系数的初值均为 100，使用阻尼高斯 – 牛顿法得到对象的传递函数模型为

$$G_{id}(s) = \frac{50.015(s^2 + 1.22s + 119.9)}{(s^2 + 1.001s + 99.85)(s^2 + 2.009s + 200.1)} \qquad (2.32)$$

模型与对象的实频特性和虚频特性见图 2.26，由图 2.26 可知，辨识模型的实频特性和虚频特性与测量结果是重合的，说明辨识模型是正确的。

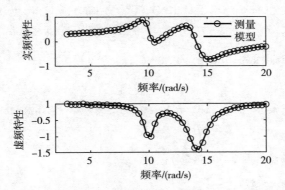

图 2.26　辨识模型的实频特性、虚频特性与数据对比图

注：图 2.25 显示的数据是由模型

$$G(s) = \frac{50(s^2 + 1.2s + 120)}{(s^2 + s + 100)(s^2 + 2s + 200)} \qquad (2.33)$$

的频率特性叠加噪声生成的。由于存在测量噪声，式（2.32）和式（2.33）只能做到基本一致。另外阻尼高斯 – 牛顿法的计算结果与待辨识参数的初值相关，如果计算结果不理想，需要重新选择初值。

2.4　部分案例的 Matlab 程序

2.4.1　例 2.1 源程序

```
% 例 2.1 程序 ex2_1.m 开始
```

```
close all

clear

clc

m = 1;

c = 1;

k = 100;

sim('ex2_1_sim.slx',10);

saveas(get_param(gcs,'handle'),'图 2.5.emf');% 保存 Simulink 框图为图片

figure(1);                                    % 绘图

plot(x.time,x.signals.values(:,1),'k');

hold on

plot(x.time,x.signals.values(:,2),'k - -','linewidth',2);

hold off

legend('物理模型','机理模型');

legend('boxoff')

xlabel('时间 /s');

ylabel('位移{ \itx} /m');

% 例 2.1 程序 ex2_1.m 结束
```

2.4.2 例 2.2 源程序

```
% 例 2.2 程序 ex2_2.m 开始

close all

clear

clc

m₁ = 1;

m₂ = 2;

c₁ = 2;

c₂ = 1;
```

```
k₁ = 50;
k₂ = 80;
M = [m1 0;0 m₂];
C = [c₁ + c₂ - c₂; - c₂ c₂];
K = [k₁ + k₂ - k₂; - k₂ k₂];
invM = inv(M);
E = [zeros(2,2)eye(2);
    - invM * K - invM * C];
F = [0;0;invM * [0 1]'];
G = [0 1 0 0];
H = 0;
sys = ss(E,F,G,H);
sim('ex2_2_sim.slx',30);
saveas(get_param(gcs,'handle'),'图2.8.emf');% 保存 Simulink 框图为图片
figure(1);                              % 绘图
plot(x.time,x.signals.values(:,1),'k');
hold on
plot(x.time,x.signals.values(:,2),'k - -','linewidth',2);
hold off
legend('物理模型','机理模型');
legend('boxoff')
xlabel('时间/s');
ylabel('{ \itm}_2 的位移/m');
% 例2.2 程序 ex2_2.m 结束
```

2.4.3 例 2.3 源程序

```
% 例2.3 程序 ex2_3.m 开始
close all
```

```
clear
clc
R = 400;% Ohm
L = 0.1;% H
C = 1e - 6;% F
omega_theoretical = (1/L/C)^0.5;
zeta = R * (C/L)^0.5/2;
tp__theoretical = pi/omega_theoretical/...
    (1 - zeta^2)^0.5;
sigma_theoretical = exp( - pi * zeta/(1 - zeta^...
    2)^0.5);
saveas(get_param(gcs,'handle'),'图2.11.emf')
sim('ex2_3_sim.slx',0.02)
[peaks,ind] = findpeaks(uo.signals.values(:,1));
tp_simulation = uo.time(ind(1));
disp(['峰值时间的理论值为',num2str(...
    tp__theoretical),'s'])
disp(['峰值时间的仿真值为',num2str(...
    tp_simulation),'s'])
sigma_simulation = peaks(1)/...
    uo.signals.values(end,1) - 1;
disp(['超调量的理论值为',num2str(...
    sigma_theoretical * 100),'% '])
disp(['超调量的仿真值为',num2str(...
  sigma_simulation * 100),'% '])
figure(1)
plot(uo.time,uo.signals.values(:,1),'k')
hold on
```

```
plot(uo.time,uo.signals.values(:,2),'k - -',...
    'LineWidth',2)
hold off
legend('物理模型','机理模型')
legend('boxoff')
xlabel('时间/s')
ylabel('电容电压/V')
% 例 2.3 程序 ex2_3.m 结束
```

2.4.4 例 2.5 源程序

```
% 例 2.5 主程序 ex2_5.m 开始
close all
clear
clc
R₁=200e3;
R₂=100e3;
R₃=100e3;
R₄=100e3;
C=47e-6;
sim('ex2_5_gene_data.slx',50);
x_low=[0 0];% 各参数的下界,
x_high=[2 2];% 各参数的上界,
fun=@ cost_ex2_5;               % 优化的目标函数
N=20;                          % 粒子数目
iter_max=100;                  % 最大搜索代数
t=uo.time;
y_m=uo.signals.values;
[xmin,fmin]=pso(fun,N,x_low,x_high,iter_max,y_m,t);
```

```
s = tf('s');

G_id = xmin(1)/(s + xmin(2))

y = step(G_id,t);

figure(1)

plot(t,y,'k')

hold on

plot(t,y_m,'k - -','LineWidth',2)

hold off

legend('辨识模型','辨识数据');

legend('boxoff')

xlabel('时间/s')

ylabel('输出电压/V')

axis([0 50 0 0.55])

% 例2.5 主程序 ex2_5.m 结束

% 例2.5 主程序 cost_ex2_5.m 开始

function J = cost_ex2_5(para,ym,t)

s = tf('s');

g = para(1)/(s + para(2));

y = step(g,t);

J = norm(y - ym)^2;

% 例2.5 主程序 cost_ex2_5.m 结束

% 例2.5、2.6和2.7 子程序 pso.m 开始

function [xopt,fopt] = pso(fitness_handle,...
    pop_size,x_low,x_high,Gen,y,t)

% fitness_handle:适应度函数

% par_size:粒子数目

% x_low:自变量的下界

% x_high:自变量的上界
```

```matlab
%  y:阶跃响应数据
%  t:采样时刻
c_1 = 1.5;
c_2 = 1.5;
x_low = x_low(:);
x_low = x_low';
x_high = x_high(:);
x_high = x_high';
x_size = length(x_low);
velo_index = 2;
velo_max = (x_high - x_low)/velo_index; % 粒子最大速度
pop = zeros(pop_size,x_size);              % 粒子群
fitness_pop = zeros(pop_size,1);           % 每个粒子的适应值
best_pop = zeros(pop_size,x_size);         % 每个粒子找到的最优解
xopt = zeros(1,x_size);                    % 所有粒子找到的最优解
v = zeros(pop_size,x_size);                % 粒子速度
%% 随机生成初始种群和粒子的速度
for ii = 1:pop_size
    rand1 = rand(1,x_size);
    pop(ii,:) = rand1.*x_low + (1 - rand1).*x_high; % 随机生成初始粒子位置
    fitness_pop(ii) = feval(fitness_handle,...
        pop(ii,:),y,t);                    % 计算粒子对应的目标函数值
    v(ii,:) = (2*rand(1,x_size) - 1).*(x_high - x_low);% 随机生成粒子速度
end
best_pop = pop;% 每个粒子找到的最优位置
best_pop_fitness = fitness_pop;            % 每个粒子最优目标函数值
[fopt,best_index] = min(fitness_pop);
xopt = pop(best_index,:);                  % 全体粒子找到的最优位置
```

```
disp('iterxf')
for jj = 1:Gen
    if mod(jj,10) = =0                          % 每隔 10 代显示结果
        format short
        disp([jj,xopt,fopt])                    % 显示当前代数和最优解
    end
    w = 0.4 + rand * 0.5;
    for ii = 1:pop_size
        v2 = w * v(ii,:) + c₁ * rand * (best_pop(ii,:) - ...
            pop(ii,:)) + c₂ * rand * (xopt - pop(ii,:));% 更新粒子速度
        v_ind1 = v₂ < ( - velo_max);
        v_ind2 = v₂ > velo_max;
        v(ii,:) = v_ind1. * ( - velo_max) + v_ind2. * ...
            velo_max + (1 - v_ind1). * (1 - v_ind2). * v2;% 速度限制
        pop2 = pop(ii,:) + v(ii,:);             % 更新粒子位置
        pop2_ind1 = pop2 > x_low;               % 满足取值下界要求判别
        pop2_ind2 = pop2 < x_high;              % 满足取值上界要求判别
        pop2_ind = pop2_ind1. * pop2_ind2;      % 满足取值范围判别
        rand2 = rand(1,x_size);
        pop2_temp = rand2. * x_low + (1 - rand2)...
            . * x_high;
        pop(ii,:) = (1 - pop2_ind). * pop2_temp + ...
            pop2_ind. * pop2;                   % 超出取值范围,重新生成
        fitness_pop(ii) = feval(fitness_handle,...
            pop(ii,:),y,t);                     % 计算粒子新位置的目标函数
        if fitness_pop(ii) < best_pop_fitness(ii)% 更新粒子历史最优位置
            best_pop_fitness(ii) = fitness_pop(ii);
            best_pop(ii,:) = pop(ii,:);
```

```
        if fitness_pop(ii) < fopt    % 更新全体粒子历史最优位置
            fopt = fitness_pop(ii);
            xopt = pop(ii,:);
        end
      end
    end
end
% 例 2.5、2.6 和 2.7 子程序 pso.m 结束
```

2.4.5　例 2.7 源程序

```
% 例 2.7 主程序 ex2_7.m 开始
close all
clear
clc
s = tf('s');
G = 5/(s+1)^4;
t = 0:0.1:20;
y_m = step(G,t);
plot(t,y_m);
x_low = [0 0 0];                    % 模型参数的下界
x_high = [10 10 10];                % 模型参数的上界
fun = @ cost_ex2_7;                 % 优化的目标函数
pop_size = 20;                      % 粒子数目
Gen = 200;                         % 优化代数
[xmin,fmin] = pso(fun,pop_size,x_low,...
    x_high,Gen,y_m,t);
K = xmin(1);
T = xmin(2);
```

```
tau = xmin(3);

G_id = K/(T*s+1)*exp(-tau*s);

y = step(G_id,t);

figure(1)

plot(t,y,'k')

hold on

plot(t,y_m,'k--','LineWidth',2)

hold off

legend('辨识模型','被控对象');

legend('boxoff')

xlabel('时间/s')

ylabel('输出')

axis([0 20 0 5.5])

delta = 0.85*K*tau/T;

TI = 2*tau;

TD = 0.5*tau;

C = 1/delta*(1+1/TI/s+TD*s);

G_closed = feedback(C*G,1);

y_closed = step(G_closed,t);

figure(2);

plot(t,y_closed,'k');

hold on

t₁ = 0:0.5:20;

plot(t₁,ones(size(t1))*0.95,'k--','linewidth',0.5);

plot(t₁,ones(size(t1))*1.05,'k--','linewidth',0.5);

hold off

xlabel('时间/s')

ylabel('输出')
```

```
[peak,ind] = max(y_closed);

tp = y_closed(ind)

sigma = peak/y_closed(end) - 1

% save td_ident.mat xmin fmin

% 例 2.7 主程序 ex2_7.m 结束

% 例 2.7 子程序 cost_ex2_7.m 开始

function J = cost_ex2_7(para,ym,t)

s = tf('s');

g = para(1)/(para(2) * s + 1) * exp( - para(3) * s);

y = step(g,t);

J = norm(y - ym)^2;

% 例 2.7 子程序 cost_ex2_7.m 结束
```

2.4.6 例 2.8 源程序

```
% 例 2.8 程序 ex2_8.m 开始

close all

clear

clc

tic

freq_hz = 0.3;

delta_t = 1e - 2;

R = 1;

C = 0.1;

sys = tf(1,[R * C,1])

omega = [ ];

t_end = 10;

data_length = t_end/delta_t;

data_used_start = round(data_length/2);
```

```
freqresp_mea = [ ];
for ii = 1:10
    freq_hz = freq _hz + 0.2
    sim('ex2_8_sim')
    [u_max,ind_u] = findpeaks(ui(...
        data_used_start:end));
    [y_max,ind_y] = findpeaks(uo(...
        data_used_start:end));
    omega = [omega;freq_hz * 2 * pi];
    temp1 = ind_u(end) - ind_y(end)
    if temp1 > 0
        temp1 = ind_u(end - 1) - ind_y(end)
    end
    fai = temp1 * delta_t * freq_hz * 2 * pi;
    temp2 = max(y_max) /max(u_max) * ...
        (cos(fai(1)) + j * sin(fai(1)))
    freqresp_mea = [freqresp_mea;temp2]
end
saveas(get_param(gcs,'handle'),'图2.23.emf')
freqresp_theoretical = freqresp(sys,omega);
freqresp_theoretical = freqresp_theoretical(:)
freqresp_theoretical - freqresp_mea
A = [ - j * omega. * freqresp_mea ones(...
    size(omega))];
b = freqresp_mea;
A₂ = [real(A);imag(A)];b₂ = [real(b);imag(b)];
theta = pinv(A₂) * b₂
sys_ident = tf(theta(2),[theta(1)1])
```

```
format long
theta
figure(1)
subplot(211)
plot(0.5:0.2:freq_hz,20 * log10(abs(...
    freqresp_theoretical)))
subplot(212)
plot(0.5:0.2:freq_hz,angle(...
    freqresp_theoretical) * 180/pi)
figure(2)
bode(tf(1,[0.1 1]))
toc
% 例 2.8 程序 ex2_8.m 结束
```

2.4.7   例 2.10 源程序

```
% 例 2.10 主程序 ex2_10.m 开始
close all
clear
clc
s = tf('s');
sys = 10/(s^2 + 1 * s + 100) + 40/(s^2 + 2 * s + 200);
omega = linspace(3,20,51);
omega = omega';
freqresp_cal = freqresp(sys,omega);
freqresp_cal = freqresp_cal(:);
randn('seed',10);
err_real = randn(size(freqresp_cal))
randn('seed',3);
```

```
err_imag = randn(size(freqresp_cal))
freqresp_mea = freqresp_cal + 0.01 * ...
    [err_real + err_imag * j];
figure(1)
subplot(211)
plot(omega,real(freqresp_mea),'ko -')
xlabel('频率/rad/s')
ylabel('实频特性测量值')
subplot(212)
plot(omega,imag(freqresp_mea),'ko -')
xlabel('频率/rad/s')
ylabel('虚频特性测量值')
m_num = 2;
n_den = 4;
den0 = 100 * ones(4,1);
num0 = 100 * [1 1 1]';
[num,den] = FdId_NLsq(omega,...
    freqresp_mea,m_num,n_den,den0,num0);
model = tf(num,den);
zpk(model)
zpk(sys)
freqresp_model = freqresp(model,omega);
freqresp_model = freqresp_model(:);
figure(2)
subplot(211)
plot(omega,real(freqresp_mea),'ko -',...
    omega,real(freqresp_model),'k')
legend('测量','模型')
```

```
legend('boxoff')

xlabel('频率/rad/s')

ylabel('实频特性')

subplot(212)

plot(omega,imag(freqresp_mea),'ko-',...

    omega,imag(freqresp_model),'k')

xlabel('频率/rad/s')

ylabel('虚频特性')
```

% 例2.10 主程序 ex2_10.m 结束

% 例2.10 子程序 FdId_NLsq.m 开始

```
function[num,den]=FdId_NLsq(omega,...

    freqresp_mea,m_num,n_den,den0,num0)
```

% 调用阻尼高斯 – 牛顿法估计传递函数参数

```
j_omega = omega * j;

x0 = [den0;num0];

[x,fout_his] = dGN_fr(...

    x0,@ f,1000,1e-8,j_omega,freqresp_mea,...

    m_num,n_den)

den = [x(1:n_den);1];

den = den';

den = den(end: -1:1);

num = x(n_den +1:end);

num = num';

num = num(end: -1:1);
```

% 例2.10 子程序 FdId_NLsq.m 结束

% 例2.10 子程序 dGN_fr.m 开始

```
function[x,fout_his]=dGN_fr(x0,f,iter_max,...

    tol,p₁,p₂,m_num,n_den)
```

```
% p₁,p₂ 是复频率和频率响应测量值
% 实现了阻尼高斯-牛顿法估计传递函数参数
[fout,rout,Jac] = feval(f,x₀,p₁,p₂,m_num,...
    n_den);
grad = Jac' * rout;
ii = 0;
rho = 0.3;
omiga = 0.8;
fout_his = fout;
while(ii < iter_max && norm(grad) > tol)
    sk = -Jac\rout;
    alpha = 1;
    x₁ = x₀ + alpha * sk;
    fout1 = feval(f,x1,p1,p2,m_num,n_den);
    while(fout1 > fout_his(end) + rho * alpha * ...
            grad' * sk)
        alpha = alpha * omiga;
        x₁ = x₀ + alpha * sk;
        fout1 = feval(f,x1,p1,p2,m_num,n_den);
    end
    x₀ = x₁;
    [fout,rout,Jac] = feval(f,x₀,p₁,p₂,m_num,...
        n_den);
    grad = Jac' * rout;
    fout_his = [fout_his fout];
    ii = ii + 1;
end
x = x₁;
```

```
% 例 2.10 子程序 dGN_fr.m 结束
% 例 2.10 子程序 f.m 开始
function[fout,rout,Jac] = f(x,p₁,p₂,m_num,...
    n_den)
[w₁_row,w1_col] = size(p₁);
r₁ = zeros(w1_row,1);
Jac1 = zeros(w1_row,m_num + n_den +1);
a = [x(1:n_den);1];                    % 分母多项式系数
b = x(n_den +1:end);                   % 分子多项式系数
for ii =1:w1_row
    temp1 =(p1(ii).^[0:m_num]) * b;    % omega 处分子值
    temp2 =(p1(ii).^[0:n_den]) * a;    % omega 处分母值
    Jac1(ii,1:n_den) = temp1 /temp2^2 * ...
        p1(ii).^[0:n_den -1];
    Jac1(ii,n_den +1:end) = -p1(ii).^...
        [0:m_num] /temp2;
    r1(ii) = p2(ii) -temp1 /temp2;
end
rout =[real(r1);imag(r1)];
fout = r1'*(r1);
Jac =[real(Jac1);imag(Jac1)];
% 例 2.10 子程序 f.m 结束
```

第 3 章

系统分析

3.1 正弦输入下的稳态误差分析

3.1.1 引言

控制系统的控制精度由稳态误差刻画。研究人员通常使用控制系统在阶跃、斜坡、加速度、正弦等典型输入信号作用下的稳态误差描述控制系统的稳态性能。

考虑图3.1所示的闭环系统，误差信号 $e(t)$ 由暂态分量 $e_{ts}(t)$ 和稳态分量 $e_{ss}(t)$ 两部分构成。在闭环系统稳定的情况下，随着时间趋于无穷，暂态分量 $e_{ts}(t)$ 将趋于零，此时 $e(t)$ 中将只含有稳态分量 $e_{ss}(t)$。故对于稳定的闭环系统，稳态误差定义为

$$e_{ss} = \lim_{t \to \infty} e(t)$$

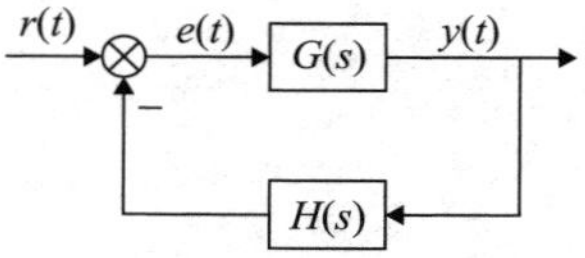

图3.1 闭环控制系统结构图

当输入信号 $r(t)$ 是阶跃、斜坡和加速度信号之一，或者这三者的线性组合时，可以使用拉氏变换的终值定理计算稳定系统的稳态误差，即

$$e_{ss} = \lim_{t \to \infty} e(t) = \lim_{s \to 0} sE(s) = \lim_{s \to 0} s\Phi_e(s)R(s) \tag{3.1}$$

其中：$E(s) = L[e(t)]$、$R(s) = L[r(t)]$ 分别为 $e(t)$ 和 $r(t)$ 的拉氏变换，误差传递函数

$$\Phi_e(s) = \frac{E(s)}{R(s)} = \frac{1}{1 + G(s)H(s)}$$

当输入信号 $r(t) = \sin(\omega t)$ 时，$r(t)$ 的拉氏变换

$$R(s) = L[\sin(\omega t)] = \frac{\omega}{s^2 + \omega^2}$$

存在虚轴上的极点 $s_{1,2} = \pm j\omega$, 不满足拉氏变换终值定理的使用条件。故不能使用式 (3.1) 计算稳态误差, 需要找到其他方法计算正弦输入下控制系统的稳态误差, 能够满足这一需求的一种方法是动态误差系数法。

3.1.2　动态误差系数法的理论分析

在输入信号为正弦形式或其他非阶跃、斜坡和加速度信号的线性组合情况下, 为了得到稳态误差, 动态误差系数法首先需要将误差传递函数 Φ_e (s) 在 $s=0$ 处进行泰勒展开, 有

$$\Phi_e(s) = \Phi_e(0) + \dot{\Phi}_e(0)s + \frac{1}{2!}\ddot{\Phi}_e(0)s^2$$
$$+ \cdots + \frac{1}{i!}\Phi_e^{(i)}(0)s^i + \cdots \tag{3.2}$$

故误差信号 e (t) 的拉氏变换

$$E(s) = \Phi_e(s)R(s)$$
$$= \Phi_e(0)R(s) + \dot{\Phi}_e(0)sR(s) + \frac{1}{2!}\ddot{\Phi}_e(0)s^2R(s) \tag{3.3}$$
$$+ \cdots + \frac{1}{i!}\Phi_e^{(i)}(0)s^iR(s) + \cdots$$

在零初始条件下对式 (3.3) 进行拉式反变换, 可得误差信号的稳态部分 (稳态误差) 的表达式[1]

$$e_{ss}(t) = \Phi_e(0)r(t) + \dot{\Phi}_e(0)\dot{r}(t) + \frac{1}{2!}\ddot{\Phi}_e(0)\ddot{r}(t) + \cdots$$
$$+ \frac{1}{i!}\Phi_e^{(i)}(0)r^{(i)}(t) + \cdots = \sum_{i=1}^{\infty} C_i r^{(i)}(t) \tag{3.4}$$

其中：动态误差系数

$$C_i = \frac{1}{i!}\Phi_e^{(i)}(0), \quad i = 1,2,\cdots \tag{3.5}$$

式 (3.4) 表明稳态误差 e_{ss} (t) 由动态误差系数 C_i、输入信号 r (t) 及其各阶导数的稳态分量决定。分析稳态误差时输入信号及其各阶导数是

已知的，故求稳态误差 $e_{ss}(t)$ 的关键问题就变成了确定动态误差系数 C_i。式（3.5）是抽象的表达式，不能直接用于计算 C_i。为了得到动态误差系数 C_i 的计算公式，设误差传递函数 $\Phi_e(s)$ 有 n 个极点，将 $\Phi_e(s)$ 的分子和分母多项式表示为升幂形式，即

$$\Phi_e(s) = \frac{1}{1 + G(s)H(s)} = \frac{\beta_0 + \beta_1 s + \beta_2 s^2 + \cdots \beta_n s^n}{\alpha_0 + \alpha_1 s + \alpha_2 s^2 + \cdots \alpha_n s^n} \qquad (3.6)$$

由式（3.2）、式（3.5）和式（3.6）可知[24]

$$\begin{cases} C_0 = \lim_{s \to 0} \Phi_e(s) = \dfrac{\beta_0}{\alpha_0} \\[2mm] C_1 = \lim_{s \to 0} \dfrac{1}{s}[\Phi_e(s) - C_0] = \dfrac{\beta_1 - \alpha_1 C_0}{\alpha_0} \\[2mm] C_2 = \lim_{s \to 0} \dfrac{1}{s^2}[\Phi_e(s) - C_0 - C_1 s] = \dfrac{\beta_2 - \alpha_1 C_1 - \alpha_2 C_0}{\alpha_0} \\[2mm] \vdots \\[2mm] C_m = \lim_{s \to 0} \dfrac{1}{s^m}\left[\Phi_e(s) - \sum_{i=0}^{m-1} C_i s^i\right] = \dfrac{\beta_m - \sum_{i=0}^{m-1} \alpha_{m-i} C_i}{\alpha_0} \\[2mm] \vdots \end{cases} \qquad (3.7)$$

其中：当 $m > n$ 时，$\alpha_m = 0$，$\beta_m = 0$。式（3.7）是动态误差系数 C_m 的一个递推计算公式，每个 C_m 依赖于之前的 n 个历史值 C_{m-1}，C_{m-2}，$\cdots$，C_{m-n}。本书将式（3.7）称为计算动态误差系数的递推算法。

动态误差系数 C_i（$i = 1$，2，$\cdots$）有无穷多项，其能否收敛是值得研究的一个问题。为此可以将式（3.7）的通式

$$C_m = \lim_{s \to 0} \frac{1}{s^m}\left[\Phi_e(s) - \sum_{i=0}^{m-1} C_i s^i\right] = \frac{\beta_m - \sum_{i=0}^{m-1} \alpha_{m-i} C_i}{\alpha_0} \qquad (3.8)$$

看成一个以 β_m 为输入的离散时间系统，其特征方程为

$$D(z) = \alpha_0 z^n + \alpha_1 z^{n-1} + \cdots + \alpha_n = 0 \qquad (3.9)$$

由离散时间系统稳定性条件可知，若式（3.9）的全部根都位于 z 平面的单位圆内部，式（3.8）表示的离散时间系统稳定，此种情况下随着 i 的增大动态误差系数 C_i 能够收敛到 0；若特征方程有位于 $z = \pm 1$ 处的单极点或 z 平面内单位圆上的一对共轭复数极点，随着 i 的增大动态误差系数 C_i 将呈振荡形式；若特征方程式（3.9）存在 z 平面单位圆外部的根或在单位圆上有多重极点，式（3.8）表示的离散时间系统不稳定，此种情况下随着 i 的增大动态误差系数 C_i 将会发散。

式（3.7）给出的动态误差系数计算公式需要递推计算。为了得到能够直接计算动态误差系数的解析公式，设误差传递函数 $\Phi_e(s)$ 的状态空间表达式为：

$$\begin{aligned} \dot{x}(t) &= \mathrm{A}x(t) + \mathrm{b}r(t) \\ e(t) &= \mathrm{c}x(t) + dr(t) \end{aligned} \tag{3.10}$$

其中：$x(t) \in R^n$ 是系统状态，$\mathrm{A} \in R^{n \times n}$、$\mathrm{b} \in R^{n \times 1}$、$\mathrm{c} \in R^{1 \times n}$ 和 $d \in R^{1 \times 1}$ 分别称为系统矩阵、输入矩阵、输出矩阵和直接传递矩阵。在零初始条件下对式（3.10）进行拉氏变换可以得到

$$\Phi_e(s) = c(s\mathrm{I} - \mathrm{A})^{-1}\mathrm{b} + d \tag{3.11}$$

故将误差传递函数 $\Phi_e(s)$ 在 $s = 0$ 处进行泰勒展开，有

$$\Phi_e(s) = \Phi_e(0) + \Phi_e(0)s + \frac{1}{2!}\ddot{\Phi}_e(0)s^2 + \cdots + \frac{1}{i!}\Phi_e^{(i)}(0)s^i + \cdots = \sum_{i=0}^{\infty} C_i s^i$$

其中动态误差系数

$$\begin{cases} C_0 = \Phi_e(0) = -c\,\mathrm{A}^{-1}\mathrm{b} + d \\ C_i = \Phi_e^{(i)}(0) = -c\,\mathrm{A}^{-i-1}\mathrm{b}, \quad i \geqslant 1 \end{cases} \tag{3.12}$$

式（3.12）中动态误差系数可以由 A、b、c 和 d 直接计算得到，本书将式（3.12）称为计算动态误差系数的直接算法。

因为矩阵 A^{-1} 的特征值是系统矩阵 A 的特征值的倒数，由式（3.12）可知，若 A 的全部特征值均位于复平面的单位圆外，随着 i 的增大动态误

差系数 C_i 将收敛到 0；若 A 的特征值有位于复平面单位圆上的实数或共轭复数极点，随着 i 的增大动态误差系数 C_i 将呈振荡形式。若 A 存在复平面单位圆内部的特征值，随着 i 的增大动态误差系数 C_i 将发散。

需要注意的是上面得到的条件只是说明了动态误差系数是否能够收敛，稳态误差需要按式（3.4）计算，其能否收敛还需另外讨论。

3.1.3 基于频率响应定义的稳态误差计算

如图 3.1 所示系统的闭环频率特性为

$$\Phi_e(j\omega) = \frac{1}{1 + G(j\omega)H(j\omega)} = |\Phi_e(j\omega)|\angle\Phi_e(j\omega)$$

根据频率响应的定义，在闭环系统稳定的情况下，正弦输入信号

$$r(t) = A\sin(\omega t)$$

作用下偏差信号的稳态值

$$e_{ss}(t) = A|\Phi_e(j\omega)|\sin(\omega t + \angle\Phi_e(j\omega)) \tag{3.13}$$

与动态误差系数法相比，从频率响应的定义出发计算稳态误差不需要进行复杂的计算，只要闭环系统稳定，式（3.13）就是适用的。因此，如果不需要通过动态误差系数判断系统性能的话，建议使用频率响应的定义计算正弦输入下的稳态误差。

3.1.4 案例研究

例 3.1：考虑文献［1］研究过的例子，令图 3.1 中前向通道传递函数 $G(s) = \dfrac{100}{s(0.1s + 1)}$，反馈通道传递函数 $H(s) = 1$，输入信号 $r(t) = \sin(5t)$，求稳态误差 $e_{ss}(t)$。

解：误差传递函数

$$\Phi_e(s) = \frac{E(s)}{R(s)} = \frac{1}{1 + G(s)H(s)} = \frac{0.1s^2 + s}{0.1s^2 + s + 100}$$

故 $\alpha_0 = 100$，$\alpha_1 = 1$，$\alpha_2 = 0.1$，$\beta_0 = 0$，$\beta_1 = 1$，$\beta_2 = 0.1$，式 (3.9) 定义的特征方程

$$D(z) = \alpha_0 z^2 + \alpha_1 z + \alpha_2 = 100z^2 + z + 0.1 = 0$$

的两个根为 $z_{1,2} = -0.0050 \pm j0.0312$，它们是位于 z 平面单位圆内的一对共轭复数，故随着 i 的增大动态误差系数 C_i 将收敛到 0。

使用 Matlab 的 ssdata 函数可以得到误差传递函数 $\Phi_e(s)$ 的状态空间实现

$$\dot{x}(t) = \begin{bmatrix} -10 & -31.25 \\ 32 & 0 \end{bmatrix} x(t) + \begin{bmatrix} 4 \\ 0 \end{bmatrix} r(t)$$

$$e(t) = [\,0 \quad -7.8125\,] x(t) + r(t)$$

其系统矩阵

$$\begin{bmatrix} -10 & -31.25 \\ 32 & 0 \end{bmatrix}$$

的特征值为 $-5 \pm j31.225$，位于复平面上单位圆外，说明随着 i 的增大动态误差系数 C_i 将收敛到 0，与使用递推算法得到的结论完全相同。

使用计算动态误差系数的递推算法和直接算法计算动态误差系数，前 20 个系数见表 3.1，表 3.1 中最后一列的 "两者误差" 是两种算法得到的动态误差系数差的绝对值。由表 3.1 可知递推算法和直接算法得到的动态误差系数是一致的，并且随着 i 的增大，动态误差系数 C_i 逐渐趋于 0，与理论分析一致。

表 3.1　动态误差系数的计算结果

动态误差系数	递推算法	直接算法	两者误差
C_0	0	0	0
C_1	$1.0000E-02$	$1.0000E-02$	0
C_2	$9.0000E-04$	$9.0000E-04$	$1.0842E-19$
C_3	$-1.9000E-05$	$-1.9000E-05$	0

动态误差系数	递推算法	直接算法	两者误差
C_4	$-7.1000E-07$	$-7.1000E-07$	$2.1176E-22$
C_5	$2.6100E-08$	$2.6100E-08$	$3.3087E-24$
C_6	$4.4900E-10$	$4.4900E-10$	$3.6189E-25$
C_7	$-3.0590E-11$	$-3.0590E-11$	$1.2925E-26$
C_8	$-1.4310E-13$	$-1.4310E-13$	$-2.2719E-28$
C_9	$3.2021E-14$	$3.2021E-14$	$1.2622E-29$
C_{10}	$-1.7711E-16$	$-1.7711E-16$	$7.3956E-32$
C_{11}	$-3.0250E-17$	$-3.0250E-17$	$1.8489E-32$
C_{12}	$4.7961E-19$	$4.7961E-19$	0
C_{13}	$2.5454E-20$	$2.5454E-20$	$2.1065E-35$
C_{14}	$-7.3415E-22$	$-7.3415E-22$	$3.7616E-37$
C_{15}	$-1.8112E-23$	$-1.8112E-23$	$2.3510E-38$
C_{16}	$9.1527E-25$	$9.1527E-25$	$3.6734E-40$
C_{17}	$8.9596E-27$	$8.9596E-27$	$2.0089E-41$
C_{18}	$-1.0049E-27$	$-1.0049E-27$	$8.9683E-43$
C_{19}	$1.0890E-30$	$1.0890E-30$	$1.3312E-44$

当输入信号 $r(t) = \sin(5t)$ 时，利用动态误差系数的前 20 项计算稳态误差，有

$$
\begin{aligned}
e_{ss}(t) &= \sum_{i=1}^{\infty} C_i r^{(i)}(t) \\
&\approx (C_0 - C_2\omega^2 + C_4\omega^4 - \cdots - C_{18}\omega^{18})\sin(\omega t)\big|_{\omega=5} \\
&\quad + (C_1\omega - C_3\omega^3 + C_5\omega^5 - \cdots - C_{19}\omega^{19})\cos(\omega t)\big|_{\omega=5} \\
&= 0.05726\sin(5t + 113.6294°)
\end{aligned} \tag{3.14}
$$

若用频率响应定义计算，在 $\omega = 5\text{rad/s}$ 时误差传递函数 $\varPhi_e(s)$ 对应的频率特性

$$\Phi_e(j5) = \left.\frac{-0.1\omega^2 + j\omega}{100 - 0.1\omega^2 + j\omega}\right|_{\omega=5}$$

$$= \frac{\omega\sqrt{0.01\omega^2 + 1}}{\sqrt{(100 - 0.1\omega^2)^2 + \omega^2}}\angle 180° - \arctan\left(\frac{\omega}{0.1\omega^2}\right)$$

$$\left.- \arctan\left(\frac{\omega}{100 - 0.1\omega^2}\right)\right|_{\omega=5} = 0.05726\angle 113.6294°$$

故使用频率响应的定义可得稳态误差

$$e_{ss}(t) = |\Phi_e(j5)|\sin(5t + \angle\Phi_e(j5)) \tag{3.15}$$
$$= 0.05726\sin(5t + 113.6294°)$$

与式 (3.14) 的计算结果是一致的，说明对该例而言使用动态误差系数法计算稳态误差是可行的。

文献 [1] 使用动态误差系数法求出的稳态误差

$$e_{ss}(t) = -0.055\cos(5t - 24.9°) \tag{3.16}$$

与式 (3.15) 对比可知式 (3.16) 有误。

例 3.2：令图 3.1 中前向通道传递函数 $G(s) = \dfrac{1}{s(s+2)}$，反馈通道传递函数 $H(s) = 1$，输入信号 $r(t) = \sin(0.5t)$，求稳态误差 $e_{ss}(t)$。

解：误差传递函数

$$\Phi_e(s) = \frac{E(s)}{R(s)} = \frac{1}{1 + G(s)H(s)} = \frac{s^2 + 2s}{s^2 + 2s + 1}$$

故 $\alpha_0 = 1$，$\alpha_1 = 2$，$\alpha_2 = 1$，$\beta_0 = 0$，$\beta_1 = 2$，$\beta_2 = 1$，式 (3.9) 定义的特征方程

$$D(z) = \alpha_0 z^2 + \alpha_1 z + \alpha_2 = z^2 + 2z + 1 = 0$$

的两个根 $z_{1,2} = -1$，它们是位于 z 平面单位圆上的一对重实根，故随着 i 的增大动态误差系数 C_i 将发散。

使用 Matlab 的 ssdata 函数可以得到误差传递函数 $\Phi_e(s)$ 的状态空间实现

$$\dot{x}(t) = \begin{bmatrix} -2 & -1 \\ 1 & 0 \end{bmatrix} x(t) + \begin{bmatrix} 1 \\ 0 \end{bmatrix} r(t)$$

$$e(t) = [0 \quad -1] x(t) + r(t)$$

其系统矩阵

$$\begin{bmatrix} -2 & -1 \\ 1 & 0 \end{bmatrix}$$

的特征值 -1 和 -1 位于复平面上的单位圆上，说明随着 i 的增大动态误差系数 C_i 将发散，与使用递推算法得到的结论完全相同。

使用计算动态误差系数的递推算法和直接算法计算动态误差系数，前 20 个系数见表 3.2。由表 3.2 可知，递推算法和直接算法得到的动态误差系数完全相同，随着 i 的增大，动态误差系数 C_i 逐渐发散，与理论分析一致。

表 3.2 例 3.2 的动态误差系数

动态误差系数	递推算法	直接算法	两者误差
C_0	0	0	0
C_1	2	2	0
C_2	-3	-3	0
C_3	4	4	0
C_4	-5	-5	0
C_5	6	6	0
C_6	-7	-7	0
C_7	8	8	0
C_8	-9	-9	0
C_9	10	10	0
C_{10}	-11	-11	0
C_{11}	12	12	0
C_{12}	-13	-13	0
C_{13}	14	14	0

动态误差系数	递推算法	直接算法	两者误差
C_{14}	-15	-15	0
C_{15}	16	16	0
C_{16}	-17	-17	0
C_{17}	18	18	0
C_{18}	-19	-19	0
C_{19}	20	20	0

当输入信号 $r(t) = \sin(0.5t)$ 时，利用动态误差系数的前 20 项计算稳态误差，有

$$
\begin{aligned}
e_{ss}(t) &= \sum_{i=1}^{\infty} C_i r^{(i)}(t) \\
&\approx (C_0 - C_2\omega^2 + C_4\omega^4 - \cdots - C_{18}\omega^{18})\sin(\omega t)\big|_{\omega=0.5} \\
&\quad + (C_1\omega - C_3\omega^3 + C_5\omega^5 - \cdots - C_{19}\omega^{19})\cos(\omega t)\big|_{\omega=0.5} \\
&= 0.8246\sin(0.5t + 50.9049°)
\end{aligned} \tag{3.17}
$$

下面使用频率响应的定义计算，在 $\omega = 0.5\text{rad/s}$ 时误差传递函数 $\Phi_e(s)$ 对应的频率特性

$$
\begin{aligned}
\Phi_e(\text{j}0.5) &= \frac{-\omega^2 + 2\text{j}\omega}{1 - \omega^2 + 2\text{j}\omega}\bigg|_{\omega=0.5} \\
&= \frac{\omega\sqrt{\omega^2+4}}{\sqrt{(1-\omega^2)^2 + 4\omega^2}} \angle 180° - \arctan\left(\frac{2\omega}{\omega^2}\right) \\
&\quad - \arctan\left(\frac{2\omega}{1-\omega^2}\right)\bigg|_{\omega=0.5} = 0.8246\angle 50.9061°
\end{aligned}
$$

故稳态误差

$$
\begin{aligned}
e_{ss}(t) &= |\Phi_e(\text{j}0.5)|\sin(0.5t + \angle\Phi_e(\text{j}0.5)) \\
&= 0.8246\sin(0.5t + 50.9061°)
\end{aligned} \tag{3.18}
$$

比较式（3.17）和式（3.18）可知，对该例而言使用动态误差系数法计算

稳态误差是可行的，计算结果有较高的精度。

例 3.3：令图 3.1 中前向通道传递函数 $G(s) = \dfrac{0.5}{s(s+0.5)}$ 反馈通道传递函数 $H(s) = 1$，输入信号 $r(t) = \sin(0.2t)$，求稳态误差 $e_{ss}(t)$。

解：误差传递函数

$$\Phi_e(s) = \frac{E(s)}{R(s)} = \frac{1}{1+G(s)H(s)} = \frac{s^2+0.5s}{s^2+0.5s+0.5}$$

故 $\alpha_0 = 0.5$，$\alpha_1 = 0.5$，$\alpha_2 = 1$，$\beta_0 = 0$，$\beta_1 = 0.5$，$\beta_2 = 1$，式（3.9）定义的特征方程

$$D(z) = \alpha_0 z^2 + \alpha_1 z + \alpha_2 = 0.5z^2 + 0.5z + 1 = 0$$

的两个根 $z_{1,2} = -0.5 \pm j1.3229$ 是位于 z 平面单位圆外的一对共轭复数根，故随着 i 的增大动态误差系数 C_i 将发散。

使用 Matlab 的 ssdata 函数可以得到误差传递函数 $\Phi_e(s)$ 的状态空间实现

$$\dot{x}(t) = \begin{bmatrix} -0.5 & -0.5 \\ 1 & 0 \end{bmatrix} x(t) + \begin{bmatrix} 0.5 \\ 0 \end{bmatrix} r(t)$$

$$e(t) = \begin{bmatrix} 0 & -1 \end{bmatrix} x(t) + r(t)$$

其系统矩阵

$$\begin{bmatrix} -0.5 & -0.5 \\ 1 & 0 \end{bmatrix}$$

的特征值 $-0.25 \pm j0.6614$ 均位于复平面上单位圆内部，这说明随着 i 的增大动态误差系数 C_i 将发散，与使用递推算法得到的结论完全相同。

使用计算动态误差系数的递推算法和直接算法计算动态误差系数，前 20 个系数见表 3.3。由表 3.3 可知，递推算法和直接算法得到的动态误差系数完全相同，随着 i 的增大，动态误差系数 C_i 呈发散趋势，与理论分析一致。

表 3.3　例 3.4 的动态误差系数

动态误差系统	递推算法	直接算法	两者误差
C_0	0	0	0
C_1	1	1	0
C_2	1	1	0
C_3	-3	-3	0
C_4	1	1	0
C_5	5	5	0
C_6	-7	-7	0
C_7	-3	-3	0
C_8	17	17	0
C_9	-11	-11	0
C_{10}	-23	-23	0
C_{11}	45	45	0
C_{12}	1	1	0
C_{13}	-91	-91	0
C_{14}	89	89	0
C_{15}	93	93	0
C_{16}	-271	-271	0
C_{17}	85	85	0
C_{18}	457	457	0
C_{19}	-627	-627	0

当输入信号 $r(t) = \sin(0.2t)$ 时，利用动态误差系数的前 20 项计算稳态误差，有

$$
\begin{aligned}
e_{ss}(t) &= \sum_{i=1}^{\infty} C_i r^{(i)}(t) \\
&\approx (C_0 - C_2\omega^2 + C_4\omega^4 - \cdots - C_{18}\omega^{18})\sin(\omega t)\big|_{\omega=0.2} \\
&\quad + (C_1\omega - C_3\omega^3 + C_5\omega^5 - \cdots - C_{19}\omega^{19})\cos(\omega t)\big|_{\omega=0.2} \\
&= 0.2288\sin(0.2t + 99.5366°)
\end{aligned} \tag{3.19}
$$

在 $\omega = 0.2\text{rad/s}$ 时误差传递函数 $\varPhi_e(s)$ 对应的频率特性

$$\varPhi_e(j0.2) = \left.\frac{-\omega^2 + 0.5j\omega}{0.5 - \omega^2 + 0.5j\omega}\right|_{\omega = 0.2}$$

$$= \left.\frac{\omega\sqrt{\omega^2 + 0.25}}{\sqrt{(0.5 - \omega^2)^2 + 0.25\omega^2}} \angle 180° - \arctan\left(\frac{0.5\omega}{\omega^2}\right)\right.$$

$$\left.- \arctan\left(\frac{0.5\omega}{0.5 - \omega^2}\right)\right|_{\omega = 0.2} = 0.2288 \angle 99.5366°$$

使用频率响应的定义可得稳态误差

$$e_{ss}(t) = |\varPhi_e(j0.2)|\sin(0.2t + \angle\varPhi_e(j0.2)) \quad (3.20)$$

$$= 0.2288\sin(0.2t + 99.5366°)$$

与动态误差系数法计算得到的稳态误差是一致的。

需要指出的是，例 3.2 和例 3.3 的动态误差系数不收敛，但是，使用动态误差系数法仍然得到了正确的稳态误差，其原因是输入信号频率比较小，分别为 0.5rad/s 和 0.2rad/s。如果输入信号的频率比较大，比如为 1rad/s 或更大，动态误差系数法就无法得到正确的结果了，此时只能使用频率响应的定义计算正弦输入下的稳态误差。

3.2 时延系统的闭环稳定性分析

3.2.1 引言

自动化专业本科生"控制理论"课程中介绍了劳斯－赫尔维茨判据、根轨迹法和奈奎斯特稳定判据、李雅谱诺夫方法等多种可以用于分析系统稳定性的方法。奈奎斯特稳定判据是其中的重点内容，其原因体现在三个方面。首先，奈奎斯特稳定判据是频域法的核心内容之一，而频域法是古典控制的核心内容，体现了工程师的智慧；其次，奈奎斯特稳定判据可以用于分析时延系统的稳定性，使用其他方法分析时延系统的稳定性则有较大难度；最后，推广以后的奈奎斯特稳定判据可以分析某些非线性系统的运动特性。本节将结合数值计算方法分析时延系统的稳定性。

本节继续针对如图 3.1 所示的反馈系统，研究存在时延情况下的闭环稳定性问题，分 $G(s)H(s)$ 是无自衡单容时延对象、有自衡特性单容时延对象、无自衡特性双容时延对象及有自衡特性双容时延对象四种情况开展讨论。

3.2.2　无自衡特性单容时延对象稳定性分析

无自衡特性单容时延对象的开环传递函数

$$G(s)H(s) = \frac{k}{s}\mathrm{e}^{-\tau s} \tag{3.21}$$

其中：参数 k 和 τ 均为正实数，容易知道开环系统稳定，频率特性

$$G(\mathrm{j}\omega)H(\mathrm{j}\omega) = \frac{k}{\mathrm{j}\omega}\mathrm{e}^{-\tau\mathrm{j}\omega} = \frac{k}{\omega}\angle - \frac{\pi}{2} - \tau\omega$$

故当 $\omega = 0_+$ 时，开环幅相特性曲线的起点

$$G(\mathrm{j}0_+)H(\mathrm{j}0_+) = \infty\angle - \frac{\pi}{2}$$

位于紧邻负虚轴的第三象限无穷远处；$\omega = \infty$ 时，开环幅相特性曲线的终点

$$G(\mathrm{j}\infty)H(\mathrm{j}\infty) = 0\angle - \infty$$

位于坐标原点。根据相角条件

$$-\frac{\pi}{2} - \tau\omega = -n\pi, \ n = 1,2,\cdots \tag{3.22}$$

可以求出开环幅相特性曲线与实轴交点处的穿越频率，记为 ω_{x_n}，即

$$\omega_{x_n} = \frac{(2n-1)\pi}{2\tau}, n = 1,2,\cdots \tag{3.23}$$

并且在频率取 ω_{x_n} 时开环幅相特性曲线与负实轴交点处的幅值

$$A(\omega_{x_n}) = \frac{k}{\dfrac{(2n-1)\pi}{2\tau}} = \frac{2k\tau}{(2n-1)\pi}, \ n = 1,2,\cdots \tag{3.24}$$

容易知道开环幅相特性曲线与负实轴的所有交点中，频率 $\omega = \omega_{x_1}$ 时的交点位于最左侧。若该最左侧的交点位于（-1，j0）点的右侧，即开环幅相特性曲线对复平面的（-1，j0）点左侧没有穿越的情况下，考虑到开环系统稳定，根据奈奎斯特稳定判据可知闭环系统稳定。故开环传递函数为式（3.21）表示的无自衡特性单容时延对象时，闭环系统能否稳定只需判断

$$A(\omega_{x_1}) = \frac{2k\tau}{\pi} < 1 \tag{3.25}$$

是否成立即可。

3.2.3　有自衡特性单容时延对象稳定性分析

有自衡特性单容时延对象的开环传递函数

$$G(s)H(s) = \frac{k}{s+a}e^{-\tau s} \tag{3.26}$$

其中：参数 k、a 和 τ 均为正实数，容易知道开环系统稳定，频率特性

$$G(j\omega)H(j\omega) = \frac{k}{j\omega + a}e^{-\tau j\omega} = \frac{k}{\sqrt{a^2 + \omega^2}}\angle - \arctan\frac{\omega}{a} - \tau\omega$$

故当 $\omega = 0$ 时，开环幅相特性曲线的起点

$$G(j0)H(j0) = \frac{k}{a}\angle 0$$

位于正实轴上；$\omega = \infty$ 时，开环幅相特性曲线的终点

$$G(j\infty)H(j\infty) = 0\angle - \infty$$

位于坐标原点。根据相角条件

$$- \arctan\frac{\omega}{a} - \tau\omega = -n\pi \tag{3.27}$$

可以求出开环幅相特性曲线与负实轴交点处的穿越频率 ω_{xn}。如正整数 n 取不同值时这些频率之间

$$\omega_{x_m} < \omega_{x_n}, \forall m < n$$

成立，交点处的幅值

$$\frac{k}{\sqrt{a^2 + \omega_{x_m}^2}} > \frac{k}{\sqrt{a^2 + \omega_{x_n}^2}}, \forall\, m < n$$

则成立。这说明幅相特性曲线与负实轴的所有交点中，频率 $\omega = \omega_{x_1}$ 时的交点位于最左侧。若该最左侧的交点位于 $(-1, \mathrm{j}0)$ 点的右侧，即开环幅相特性曲线对复平面的 $(-1, \mathrm{j}0)$ 点左侧没有穿越，同时考虑到开环系统稳定，根据奈奎斯特稳定判据可知闭环系统稳定。故开环传递函数为式 (3.26) 表示的有自衡特性单容时延对象时，系统闭环以后能否稳定只需判断

$$\frac{k}{\sqrt{a^2 + \omega_{x_1}^2}} < 1 \tag{3.28}$$

是否成立即可。式 (3.28) 中 k 和 a 是已知参数，闭环系统稳定性问题的关键转化为确定 ω_{x_1} 的问题。ω_{x_1} 为 $n = 1$ 时式 (3.27) 定义的超越方程的根，难以得到解析解，这里使用牛顿法求解。令

$$f(\omega) = \pi - \arctan\frac{\omega}{a} - \tau\omega$$

则

$$f'(\omega) = -\frac{1}{a}\frac{1}{1 + \dfrac{\omega^2}{a^2}} - \tau = -\frac{a}{a^2 + \omega^2} - \tau$$

故可以得到 $n = 1$ 时式 (3.27) 的牛顿法迭代公式

$$\omega_{x_1}^t = \omega_{x_1}^{t-1} - \frac{f(\omega_{x_1}^{t-1})}{f'(\omega_{x1}^{t-1})} = \omega_{x_1}^{t-1} + \frac{\pi - \arctan\dfrac{\omega_{x_1}^{t-1}}{a} - \tau\omega_{x_1}^{t-1}}{\dfrac{a}{a^2 + (\omega_{x_1}^{t-1})^2} + \tau} \tag{3.29}$$

其中：t 为迭代步数。

此外容易知道

$$\frac{k}{\sqrt{a^2 + \omega_{x_1}^2}} < \frac{k}{\sqrt{a^2 + 0^2}} = \frac{k}{a}$$

故当 $k < a$ 时式（3.28）一定成立，此时不必求出 ω_{x1}，即可直接得出闭环系统稳定的结论。

综上所述，开环系统为式（3.26）表示的有自衡特性单容时延对象时，判断闭环系统稳定性的步骤为：

（1）若 $k < a$，闭环系统稳定，结束判断过程；否则转到步骤（2）。

（2）设置牛顿法求解的最大步数 T，给定初值 ω_{x1}^0，重复使用式（3.29）T 次得到 ω_{x1}^T。

（3）若式（3.28）成立，闭环系统稳定，否则闭环系统不稳定。

3.2.4 无自衡特性双容时延对象稳定性分析

若开环系统为式（3.30）表示的无自衡特性双容时延对象

$$G(s)H(s) = \frac{k}{s(s+a)}\mathrm{e}^{-\tau s} \tag{3.30}$$

其中：参数 k、a 和 τ 均为正实数，使用与前面相同的思路可以知道闭环系统稳定性等价于

$$\frac{k}{\omega_{x1}\sqrt{a^2 + \omega_{x1}^2}} < 1 \tag{3.31}$$

成立。式（3.31）中 k 和 a 是已知参数，穿越频率 ω_{x1} 为相角条件

$$-\frac{\pi}{2} - \arctan\frac{\omega}{a} - \tau\omega = -\pi \tag{3.32}$$

的根。这里仍然使用牛顿法求解式（3.32）给出的超越方程得到 ω_{x1}，迭代公式为：

$$\omega_{x1}^t = \omega_{x1}^{t-1} + \frac{\dfrac{\pi}{2} - \arctan\left(\dfrac{\omega_{x1}^{t-1}}{a}\right) - \tau\omega_{x1}^{t-1}}{\dfrac{a}{a^2 + (\omega_{x1}^{t-1})^2} + \tau} \tag{3.33}$$

其中：t 为迭代步数。

3.2.5　有自衡特性双容时延对象稳定性分析

若开环系统为式（3.34）表示的有自衡特性双容时延对象

$$G(s)H(s) = \frac{k}{(s+a)(s+b)}e^{-\tau s} \qquad (3.34)$$

其中：参数 k、a、b 和 τ 均为正实数，容易知道闭环系统稳定等价于

$$\frac{k}{\sqrt{a^2+\omega_{x1}^2}\sqrt{b^2+\omega_{x1}^2}} < 1 \qquad (3.35)$$

成立。式（3.35）中 k、a 和 b 是已知参数，穿越频率 ω_{x1} 是超越方程。

$$-\arctan\frac{\omega}{a} - \arctan\frac{\omega}{b} - \tau\omega = -\pi \qquad (3.36)$$

的根。求解式（3.36）的牛顿法迭代公式为：

$$\omega_{x1}^{t} = \omega_{x1}^{t-1} + \frac{\pi - \arctan\left(\dfrac{\omega_{x1}^{t-1}}{a}\right) - \arctan\left(\dfrac{\omega_{x1}^{t-1}}{b}\right) - \tau\omega_{x1}^{t-1}}{\dfrac{a}{a^2+(\omega_{x1}^{t-1})^2} + \dfrac{b}{b^2+(\omega_{x1}^{t-1})^2} + \tau} \qquad (3.37)$$

其中：t 为迭代步数。

容易知道

$$\frac{k}{\sqrt{a^2+\omega_{x1}^2}\sqrt{b^2+\omega_{x1}^2}} < \frac{k}{\sqrt{a^2+0^2}\sqrt{b^2+0^2}} = \frac{k}{ab}$$

故当 $k < ab$ 时式（3.35）一定成立，此时不必求出式（3.36）的根 ω_{x1}，即可直接得出闭环系统稳定的结论。

3.2.6　案例研究

例 3.4：开环传递函数

$$G(s) = \frac{k}{s}e^{-\tau s}, H(s) = 1$$

$G(s)$ 中时延 $\tau = 0.5\pi$ 保持不变，试分析 k 分别取 0.2、0.5、1.0 和 2.0 四个不同值时图 3.1 表示的闭环系统的稳定性，使用 Simulink 验证分析的

结果。

　　解：根据式（3.25）可知 $k=0.2$ 时开环幅相特性曲线与负实轴最左侧的交点的幅值

$$A(\omega_{x1}) = \frac{2k\tau}{\pi} = \frac{2 \times 0.2 \times 0.5\pi}{\pi} = 0.2 < 1$$

故闭环系统稳定。

　　类似地，当 $k=0.5$、1.0 和 2.0 时开环幅相特性曲线与负实轴最左侧的交点的幅值分别为 0.5、1.0 和 2.0，故 $k=0.5$ 时闭环系统稳定，$k=1.0$ 时闭环系统临界稳定，$k=2.0$ 时闭环系统不稳定。

　　搭建 Simulink 仿真模型如图 3.2 所示。参数 $k=0.2$、0.5、1.0 和 2.0 时闭环系统的单位阶跃响应如图 3.3 所示，由图 3.3 可知 $k=0.2$ 和 0.5 时闭环系统稳定，$k=1.0$ 时闭环系统临界稳定，$k=2.0$ 时闭环系统不稳定，与理论分析的结果一致。

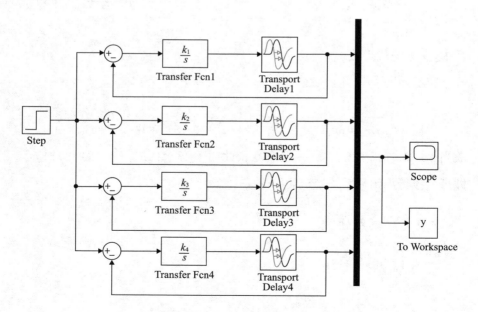

图 3.2　k 取不同值时例 3.4 的 Simulink 仿真模型

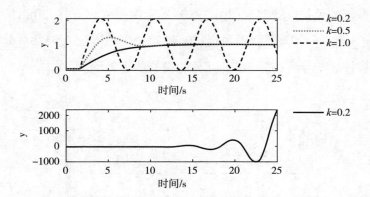

图 3.3　k 取不同值时例 3.4 的单位阶跃响应

例 3.5：图 3.1 中已知

$$G(s) = \frac{5}{s+3} e^{-\tau s}, H(s) = 1$$

试确定能够保证闭环系统稳定的时延 τ 的取值范围，使用 Simulink 验证分析的结果。

解：此例中时延 τ 是未知量，不能使用式（3.29）求穿越频率。由开环对象 $G(s)$ 的频率特性

$$G(j\omega)H(j\omega) = \frac{5}{j\omega+3} e^{-\tau\omega j} = \frac{5}{\sqrt{9+\omega^2}} \angle -\arctan\frac{\omega}{3} - \tau\omega$$

可知幅频特性与时延 τ 无关。令 ω_{x1} 为幅相特性曲线与负实轴最左侧交点处的频率，则有

$$\begin{cases} \dfrac{5}{\sqrt{9+\omega_{x1}^2}} = 1 \\ -\arctan\dfrac{\omega_{x1}}{3} - \tau\omega_{x1} = -\pi \end{cases}$$

成立，由第一式可得 $\omega_{x1} = 4\text{rad/s}$，代入第二式可得 $\tau = 0.5536$ 时闭环系统临界稳定，$\tau > 0.5536$ 时闭环系统不稳定，$0 < \tau < 0.5536$ 时闭环系统稳定。

搭建 Simulink 仿真模型如图 3.4 所示。参数 τ 取 0.30、0.55 和 0.65

时闭环系统的单位阶跃响应如图 3.5 所示，由图可知 $\tau=0.30$ 时闭环系统稳定，$\tau=0.65$ 时闭环系统不稳定；0.55 略小于临界值 0.5536，此时单位阶跃响应接近于等幅振荡，验证了理论分析的正确性。

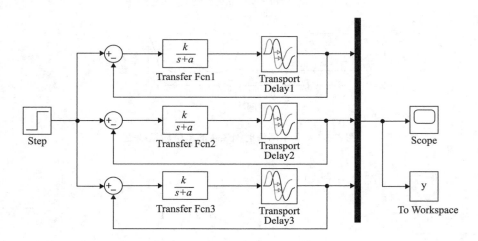

图 3.4　例 3.5 的 Simulink 仿真模型

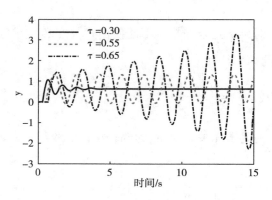

图 3.5　τ 取不同值时例 3.5 的单位阶跃响应

例 3.6：单位反馈系统前向通道的传递函数

$$G(s) = \frac{2}{s(s+10)}e^{-\tau s}$$

试判断 $\tau=3$ 和 $\tau=10$ 时闭环系统的稳定性，使用 Simulink 验证分析的结果。

解：$\tau=3$ 时使用牛顿法求解式（3.32）给出的超越方程，得到穿越频

率 $\omega_{x1} = 0.5067\mathrm{rad/s}$，代入式（3.31）得

$$\frac{k}{\omega_{x1}\sqrt{a^2 + \omega_{x1}^2}} = \frac{2}{0.5067\sqrt{10^2 + 0.5067^2}} = 0.3942 < 1$$

故当 $\tau = 3$ 时闭环系统稳定。

$\tau = 10$ 时使用牛顿法得到穿越频率 $\omega_{x1} = 0.1555\mathrm{rad/s}$，此时

$$\frac{k}{\omega_{x1}\sqrt{a^2 + \omega_{x1}^2}} = \frac{2}{0.1555\sqrt{10^2 + 0.1555^2}} = 1.2858 > 1$$

故当 $\tau = 10$ 时闭环系统不稳定。

搭建如图 3.6 所示的 Simulink 仿真模型，参数 τ 分别取 3 和 10 时闭环系统的单位阶跃响应如图 3.7 所示。由图 3.7 可知 $\tau = 3$ 时闭环系统稳定，$\tau = 10$ 时闭环系统不稳定，仿真结果验证了理论分析的正确性。

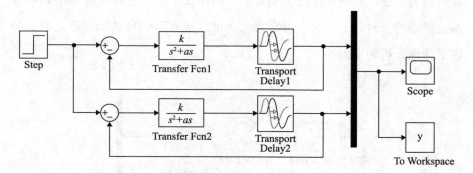

图 3.6　τ 取不同值时例 3.6 的 Simulink 仿真模型

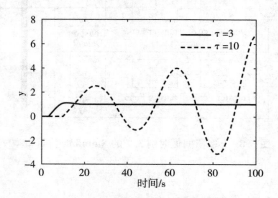

图 3.7　τ 取不同值时例 3.6 的单位阶跃响应

例 3.7：单位反馈系统前向通道的传递函数

$$G(s) = \frac{10}{(s+3)(s+10)}e^{-\tau s}$$

试求能使闭环系统稳定的时延 τ 的取值范围，使用 Simulink 验证分析的结果。

解：由

$$\frac{k}{ab} = \frac{10}{3 \times 10} = \frac{1}{3} < 1$$

可知式（3.35）一定成立，故对于任意的时延 $\tau > 0$，闭环系统总是稳定的。

搭建 Simulink 仿真模型如图 3.8 所示。参数 τ 分别取 1、5 和 15 时闭环系统的单位阶跃响应如图 3.9 所示，由图 3.9 可知三种情况下闭环系统都是稳定的，时延 τ 取其他正常数时也可以观察到闭环系统是稳定的，验证了理论分析的正确性。

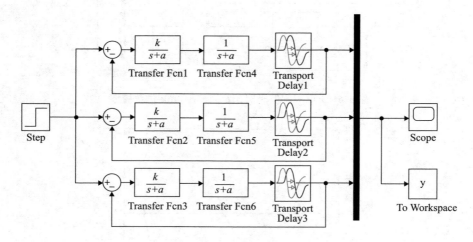

图 3.8　τ 取不同值时例 3.7 的 Simulink 仿真模型

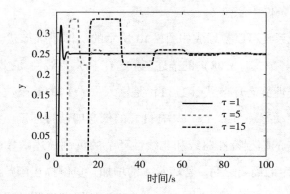

图 3.9　τ 取不同值时例 3.7 的单位阶跃响应

3.3　典型非线性系统的描述函数法分析

3.3.1　引言

所有的控制系统都存在非线性因素。当使用线性系统的观点对控制系统进行分析的结果不理想时，需要从非线性系统的观点研究控制系统。为此，控制工程师需要掌握一些常用的非线性系统分析方法。作为频域法的推广，描述函数法可用于分析无外界输入情况下系统的稳定性和自激振荡问题，且有着广泛的应用。

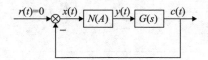

图 3.10　描述函数法用非线性系统标准结构

3.3.2　描述函数法简介

若系统中存在静态非线性环节

$$y = f(x) \tag{3.38}$$

并且满足如下条件[1]：

（1）整个系统可以整理成如图 3.10 所示的反馈系统形式，其中 $N(A)$ 为非线性静态环节式（3.38）的描述函数，$G(s)$ 为线性动态环节；

（2）非线性静态环节式（3.38）是输入 $x(t)$ 的奇函数；

（3）线性动态环节 $G(s)$ 具有良好的低通滤波特性。

则 $G(s)$ 的幅相特性曲线和非线性环节的负倒描述函数曲线的交点处有可能存在稳定的周期运动。若随着 A 的增加，负倒描述函数曲线由 $G(s)$ 的不稳定区进入稳定区，该交点则对应着稳定的周期运动。否则交点处的周期运动是不稳定的。

使用描述函数法分析非线性系统的行为：首先要知道非线性环节的描述函数，表 3.4 给出了四种常见非线性环节的描述函数；其次使用描述函数法分析非线性系统需要解决下面四个关键问题。

表 3.4　常见非线性环节及其描述函数[1]

非线性环节	静特性	描述函数 $N(A)$
理想继电特性、库仑摩擦		$\dfrac{4M}{\pi A}$
有死区的继电特性		$\dfrac{4M}{\pi A}\sqrt{1-\left(\dfrac{h}{A}\right)^2},\ A \geq h$
死区特性		$\dfrac{2K}{\pi}\left[\dfrac{\pi}{2}-\arcsin\dfrac{\Delta}{A}-\dfrac{\Delta}{A}\sqrt{1-\left(\dfrac{\Delta}{A}\right)^2}\right],\ A \geq \Delta$
饱和特性		$\dfrac{2K}{\pi}\left[\arcsin\dfrac{a}{A}+\dfrac{a}{A}\sqrt{1-\left(\dfrac{a}{A}\right)^2}\right],\ A \geq a$

（1）将非线性系统整理成如图 3.10 所示的结构形式。实际系统可能存在多个线性和非线性环节，需要对结构图进行简化。包含非线性环节时结构图简化没有没有统一的方法，通常只能针对具体问题具体分析。

（2）稳定区和不稳定区的判别。正确判断出复平面上由开环幅相特性曲线分隔开的不同区域中哪部分属于 $G(s)$ 的稳定区，哪部分属于 $G(s)$ 的不稳定区，是使用描述函数法得出正确结论的前提。最小相位系统和非最小相位系统的稳定区域是不同的，需要针对具体问题进行具体分析。

（3）求解开环幅相特性曲线与负倒描述函数曲线的交点。在一些复杂情况下，交点需要满足的非线性方程难以直接求解，需要借助数值计算工具，例如牛顿法。

（4）理论分析的仿真或实验验证。描述函数法是一种近似理论，只考虑了非线性响应的一次谐波分量对系统行为的影响。描述函数法的分析结果是否与非线性系统的真实行为一致，需要进行检验。一种可行的检验方法是使用 Simulink 进行非线性系统仿真。

3.3.3　案例研究

例 3.8：具有饱和非线性特性的控制系统如图 3.11 所示，其中 $K=1$、$a=1$，试分析系统的运动特性并使用 Simulink 进行验证。

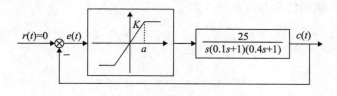

图 3.11　例 3.8 系统结构

解：线性部分的频率特性

$$G(\mathrm{j}\omega) = \frac{25}{\mathrm{j}\omega(0.1\mathrm{j}\omega + 1)(0.4\mathrm{j}\omega + 1)} = A(\omega)\varphi(\omega)$$

其中：幅频特性

$$A(\omega) = \frac{25}{\omega \sqrt{1 + 0.01\omega^2} \sqrt{1 + 0.16\omega^2}}$$

相频特性

$$\varphi(\omega) = -\frac{\pi}{2} - \arctan(0.1\omega) - \arctan(0.4\omega)$$

故开环幅相特性的起点

$$G(j0_+) = |G(j0_+)| \angle G(j0_+) = \infty \angle -\frac{\pi}{2}$$

终点

$$G(j\infty) = |G(j\infty)| \angle G(j\infty) = 0 \angle -\frac{3\pi}{2}$$

令相频特性

$$\varphi(\omega_x) = -\frac{\pi}{2} - \arctan(0.1\omega_x) - \arctan(0.4\omega_x) = -\pi$$

解之得穿越频率 $\omega_x = 5\text{rad/s}$，代入幅频特性表达式，有

$$A(\omega_x) = \frac{25}{\omega_x \sqrt{1 + 0.01\omega_x^2} \sqrt{1 + 0.16\omega_x^2}} = 2$$

即开环幅相特性曲线与负实轴有交点，坐标为（-2，j0），交点处频率为
5rad/s。开环系统为 I 型，故从开环幅相特性起点处逆时针补画 1/4 圆到正
实轴，开环幅相特性曲线见图 3.12。

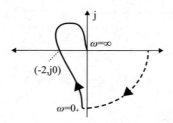

图 3.12　例 3.8 幅相特性曲线

由表 3.4 可知非线性环节的描述函数

$$N(A) = \frac{2K}{\pi}\left[\arcsin\frac{a}{A} + \frac{a}{A}\sqrt{1 - \left(\frac{a}{A}\right)^2}\right], \quad A \geqslant a$$

故

$$-\frac{1}{N(a)} = -\frac{1}{\dfrac{2K}{\pi}\left[\arcsin\dfrac{a}{a} + \dfrac{a}{a}\sqrt{1 - \left(\dfrac{a}{a}\right)^2}\right]} = -\frac{1}{K} = -1,$$

$$-\frac{1}{N(\infty)} = -\frac{1}{\lim\limits_{A \to \infty}\dfrac{2K}{\pi}\left[\arcsin\dfrac{a}{A} + \dfrac{a}{A}\sqrt{1 - \left(\dfrac{a}{A}\right)^2}\right]} = -\infty$$

令 $u = a/A$，对 $N(u)$ 求导，有

$$\frac{dN(u)}{du} = \frac{2K}{\pi}\left(\frac{1}{\sqrt{1 - u^2}} + \sqrt{1 - u^2} - \frac{u^2}{\sqrt{1 - u^2}}\right) = \frac{4K\sqrt{1 - u^2}}{\pi} \geqslant 0$$

其中：$0 \leqslant u \leqslant 1$，故 $N(u)$ 是 u 的增函数，$-1/N(A)$ 是 A 的减函数。说明随着 A 的增大，$-1/N(A)$ 从 $(-1, j0)$ 出发沿着负实轴到无穷远。将 $-1/N(A)$ 的图像添加到幅相特性曲线中，结果如图 3.13 所示。

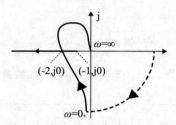

图 3.13 例 3.8 幅相特性和负倒描述函数关系图

由图 3.13 可知随着 A 的增加，负倒描述函数从不稳定区进入稳定区，故系统存在稳定的周期运动，频率为 $\omega_x = 5\text{rad/s}$。为了得到周期运动的幅值，令

$$-\frac{1}{N(A)} = -\frac{1}{N(u)} = G(j\omega_x)$$

整理得

$$f(u) = \arcsin u + u\sqrt{1 - u^2} - \frac{\pi}{4} = 0$$

使用牛顿法进行迭代求解，迭代公式为

$$u_k = u_{k-1} - \frac{f(u_{k-1})}{f'(u_{k-1})} = u_{k-1} - \frac{\arcsin u_{k-1} + u_{k-1}\sqrt{1-u_{k-1}^2} - \frac{\pi}{4}}{2\sqrt{1-u_{k-1}^2}}$$

计算可得 $u = 0.4040$，故周期运动的幅值 $A = a/u = 2.4754$。

按照图 3.14 搭建 Simulink 仿真模型，仿真时间设为 20s，阶跃输入信号发生跳变的时间设为 100s，保证仿真时间段内输入信号始终为 0；使用 ssdata 函数将传递函数转化为状态空间表达式以方便设置初值，三个状态的初值设为 $[1, 0, 0]^T$。Simulink 运行结束后将导入 Matlab 工作区的偏差信号 $e(t)$ 绘制在图 3.15 中，由图 3.15 可知偏差信号的频率为 4.9177rad/s，振幅为 2.5374，与理论值稍有差别。

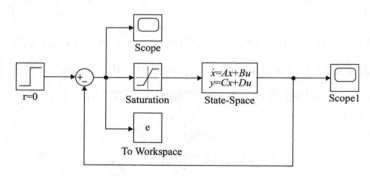

图 3.14 例 3.8 的 Simulink 框图

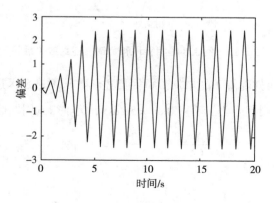

图 3.15 例 3.8 偏差信号响应图

例3.9：此例来自文献［25］。非线性系统结构如图3.16所示，已知非线性特性的描述函数为 $N(A) = 4M/(\pi A)$。

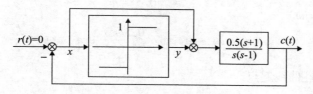

图 3.16　例 3.9 系统结构

（1）试用描述函数法分析系统的稳定性及自振的问题；

（2）若存在自振，求出自振的振幅 A 和频率 ω。

解：（1）令

$$P(s) = \frac{0.5(s+1)}{s(s-1)}$$

则

$$\frac{C(s)}{R(s)} = \frac{(1 + N(A))P(s)}{1 + (1 + N(A))P(s)}$$

令 $C(s)/R(s)$ 的分母等于 0，整理可得

$$1 + N(A)\frac{P(s)}{1 + P(s)} = 0$$

故描述函数法标准结构图中等效的开环传递函数

$$G(s) = \frac{P(s)}{1 + P(s)} = \frac{\dfrac{0.5(s+1)}{s(s-1)}}{1 + \dfrac{0.5(s+1)}{s(s-1)}} = \frac{0.5(s+1)}{s^2 - 0.5s + 0.5}$$

容易知道 $G(s)$ 是不稳定的，两个开环极点均位于虚轴右侧。$G(s)$ 的频率特性

$$G(j\omega) = \frac{0.5(j\omega+1)}{0.5 - \omega^2 - 0.5j\omega} = |G(j\omega)| \angle G(j\omega)$$

其中幅频特性

$$|G(j\omega)| = \frac{0.5\sqrt{1 + \omega^2}}{\sqrt{(0.5 - \omega^2)^2 + 0.25\omega^2}}$$

相频特性

$$\angle G(j\omega) = \begin{cases} \arctan\omega + \arctan\dfrac{0.5\omega}{0.5 - \omega^2}, & 0 < \omega \leqslant \dfrac{\sqrt{2}}{2} \\[4mm] \arctan\omega - \arctan\dfrac{0.5\omega}{\omega^2 - 0.5} + \pi, & \omega > \dfrac{\sqrt{2}}{2} \end{cases}$$

开环幅相特性曲线起点

$$G(j0) = |G(j0)|\angle G(j0) = 1\angle 0$$

终点

$$G(j\infty) = |G(j\infty)|\angle G(j\infty) = 0\angle\frac{3\pi}{2}$$

令相频特性

$$\arctan\omega_x - \arctan\frac{0.5\omega_x}{\omega_x^2 - 0.5} + \pi = -\pi$$

解之得穿越频率

$$\omega_x = 1\text{rad/s} > \frac{\sqrt{2}}{2}\text{rad/s}$$

穿越频率 $\omega_x = 1\text{rad/s}$ 处幅频特性

$$|G(j\omega_x)| = \left.\frac{0.5\sqrt{1 + \omega_x^2}}{\sqrt{(0.5 - \omega_x^2)^2 + 0.25\omega_x^2}}\right|_{\omega_x = 1} = 1$$

即幅相特性曲线与负实轴相交于点 $(-1, j0)$。

综上所述，开环幅相特性曲线如图 3.17 所示。

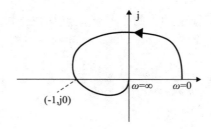

图 3.17 例 3.9 等效开环系统的幅相特性曲线

由图 3.16 可知 $M = 1$，故负倒描述函数

$$-\frac{1}{N(A)} = -\frac{\pi A}{4M} = -\frac{\pi A}{4}$$

是幅值 A 的减函数，其起点

$$-\frac{1}{N(0)} = -\frac{\pi \times 0}{4} = 0$$

终点

$$-\frac{1}{N(\infty)} = -\lim_{A \to \infty} \frac{\pi A}{4} = -\infty$$

说明负倒描述函数的图像是由坐标原点出发沿负实轴方向的射线，负倒描述函数与幅相特性曲线的关系见图 3.18。由于 $G(s)$ 是不稳定的，由图 3.18 可知负倒描述函数曲线的起始段位于稳定区；随着着 A 的增大，负倒描述函数曲线由稳定区进入不稳定区，该系统不存在稳定的周期运动。

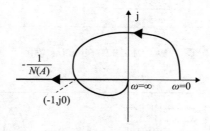

图 3.18 例 3.9 幅相特性和负倒描述函数关系

（2）前述分析表明该系统不存在自振。这里仍然求解幅相特性曲线与负倒描述函数曲线的交点，以便于进行 Simulink 仿真验证。由于 $\omega_x = 1\,\text{rad}/\text{s}$ 时幅相特性曲线与负实轴相交于（-1，j0），令

$$-\frac{1}{N(A)} = -\frac{\pi A}{4} = -1$$

解之得

$$A = \frac{4}{\pi} = 1.2732$$

按图 3.19 搭建的 Simulink 仿真模型，图 3.19 中的状态空间表达式

$$x(t) = \begin{bmatrix} 1 & 0 \\ 1 & 0 \end{bmatrix} x(t) + \begin{bmatrix} 1 \\ 0 \end{bmatrix} u(t)$$

$$y(t) = [0.5 \quad 0.5] x(t)$$

是使用 ssdata 函数得到的 $P(s)$ 的实现。取 $[1.4, 1.4]^T$、$[1.2, 1.2]^T$ 和 $[0.9, 0.9]^T$ 三组不同的状态初值，得到的偏差响应见图 3.20。由图 3.20 可知状态初值为 $[1.4, 1.4]^T$ 时系统偏差发散，状态初值为 $[1.2, 1.2]^T$ 和 $[0.9, 0.9]^T$ 时系统偏差收敛。仿真结果表明系统不存在幅值为 1.2732、频率为 1rad/s 的周期运动，与（1）中理论分析的结果是一致的。

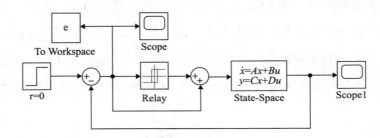

图 3.19 例 3.9 的 Simulink 框图

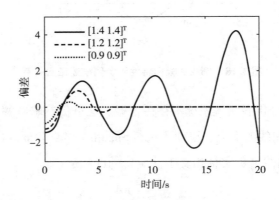

图 3.20 不同初始条件下例 3.9 的偏差响应

例 3.10：此例也来自文献 [25]。非线性系统结构如图 3.21 所示，已知图 3.21 中非线性特性的描述函数

$$N_1(A) = \frac{2K}{\pi}\left[\frac{\pi}{2} - \arcsin\frac{\Delta}{A} - \frac{\Delta}{A}\sqrt{1 - \left(\frac{\Delta}{A}\right)^2}\right],$$

$$A \geq \Delta, \quad N_2(A) = \frac{4M}{\pi A}\sqrt{1 - \left(\frac{h}{A}\right)^2}, A \geq h$$

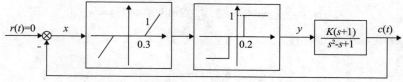

图 3.21   例 3.10 的非线性系统结构

（1）用描述函数法作图分析 K 变化对系统稳定性的影响；

（2）当 $K = 1$ 时分析并说明系统存在自振，计算自振的振幅及频率。

解：（1）令图 3.21 中线性部分的传递函数为 $G(s)$，容易知道 $G(s)$ 的两个极点均位于虚轴右侧，是不稳定的。$G(s)$ 的频率特性

$$G(j\omega) = \frac{K(j\omega + 1)}{1 - \omega^2 - j\omega} = |G(j\omega)|\angle G(j\omega)$$

其中幅频特性

$$|G(j\omega)| = \frac{K\sqrt{1 + \omega^2}}{\sqrt{(1 - \omega^2)^2 + \omega^2}}$$

相频特性

$$\angle G(j\omega) = \begin{cases} \arctan\omega + \arctan\dfrac{\omega}{1 - \omega^2}, & 0 < \omega \leq 1 \\[3mm] \arctan\omega - \arctan\dfrac{\omega}{\omega^2 - 1} + \pi, & \omega > 1 \end{cases}$$

开环幅相特性曲线起点

$$G(j0) = |G(j0)|\angle G(j0) = K\angle 0$$

终点

$$G(j\infty) = |G(j\infty)|\angle G(j\infty) = 0\angle\frac{3\pi}{2}$$

令相频特性

$$\arctan\omega_x - \arctan\frac{\omega_x}{\omega_x^2 - 1} + \pi = -\pi$$

解之得穿越频率

$$\omega_x = \sqrt{2}\,\mathrm{rad/s} = 1.4142\mathrm{rad/s} > 1\mathrm{rad/s}$$

穿越频率 ω_x 处幅频特性

$$\left| G(j\omega_x) \right| = \frac{K\sqrt{1 + \omega_x^2}}{\sqrt{(1 - \omega_x^2)^2 + \omega_x^2}}\Bigg|_{\omega_x = \sqrt{2}} = K$$

即幅相特性曲线与负实轴相交于点 $(-K,\ j0)$。

图 3.21 中非线性环节为死区和有死区的继电特性的串联，容易知道图 3.21 中 y 与 x 之间满足函数关系

$$y = \begin{cases} 1 & x \geqslant 0.5 \\ 0 & -0.5 < x < 0.5 \\ -1 & x \leqslant -0.5 \end{cases}$$

即串联的两个非线性环节等效于 $M = 1$、$h = 0.5$ 的有死区的继电特性，其描述函数

$$N(A) = \frac{4M}{\pi A}\sqrt{1 - \left(\frac{h}{A}\right)^2}, \quad A \geqslant h$$

令 $u = h/A$，则

$$N(A) = N(u) = \frac{4Mu}{\pi h}\sqrt{1 - u^2}, \quad 0 \leqslant u \leqslant 1$$

对 $N(u)$ 求导，有

$$\frac{\mathrm{d}N(u)}{\mathrm{d}u} = \frac{4M}{\pi h}\left(\sqrt{1 - u^2} - \frac{2u^2}{2\sqrt{1 - u^2}}\right) = \frac{4M}{\pi h}\frac{1 - 2u^2}{\sqrt{1 - u^2}}$$

令

$$u_m = \frac{h}{A_m} = \frac{\sqrt{2}}{2}$$

容易知道 $0 < u < u_m$ 时 $dN(u)/du > 0$，$u > u_m$ 时 $dN(u)/du < 0$，故 $N(u)$ 是 u 的先增后减函数，u_m 是 $N(u)$ 的极大值点。则 $A_m = h/u_m$ 是负倒描述函数

$$-\frac{1}{N(A)} = -\frac{\pi A}{4M}\frac{1}{\sqrt{1-\left(\frac{h}{A}\right)^2}}, \quad A \geqslant h$$

的极大值点。此外容易知道

$$-\frac{1}{N(0.5)} = -\infty, \quad -\frac{1}{N(\infty)} = -\infty, \quad -\frac{1}{N(A_m)} = -\frac{\pi}{4} = -0.7854$$

故负倒描述函数的起点、终点均位于负实轴上的无穷远处，而 A_m 处负倒描述函数距离虚轴最近，坐标为（-0.7854，$j0$）。

通过上述分析可知，幅相特性曲线和负倒描述函数曲线的关系有两种情况，见图 3.22。图 3.22 中负倒描述函数曲线实际上是在负实轴上的，为了便于观察其走向，将其绘制在负实轴的上方和下方。$0 < K \leqslant 0.7854$ 时，如图 3.22（a）所示幅相特性曲线在负倒描述函数曲线的右侧，闭环系统不稳定。$K > 0.7854$ 时幅相特性曲线与负倒描述函数曲线在负实轴上有两个交点。在第一个交点（A 取值较小）附近，负倒描述函数曲线由不稳定区进入稳定区，闭环系统存在自振。在第二个交点（A 取值较大）附近，负倒描述函数曲线由稳定区进入不稳定区，闭环系统发散。

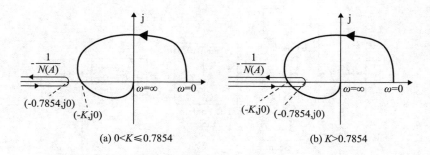

(a) $0 < K \leqslant 0.7854$ (b) $K > 0.7854$

图 3.22　例 3.10 的幅相特性曲线与负倒描述函数曲线关系

（2）$K = 1 > 0.7854$，故此时系统存在自振，并且幅相特性曲线与负倒描述函数曲线交点处满足

$$G(j\omega_x)N(A) + 1 = 1 - K\frac{4M}{\pi A}\sqrt{1 - \left(\frac{h}{A}\right)^2} = 0$$

当 $K = 1$、$M = 1$、$h = 0.5$ 时用牛顿法求解该非线性方程得 $A_1 = 0.5557$、$A_2 = 1.1456$。根据图 3.22（b）可知 A_1 对应于稳定的周期运动，并且图 3.21 中的 $x = e(t) = A_1\sin(\omega_x t) = 0.5557\sin(1.4142t)$。

按照图 3.23 搭建的 Simulink 仿真模型，图 3.23 中的状态空间表达式

$$x(t) = \begin{bmatrix} 1 & -1 \\ 1 & 0 \end{bmatrix}x(t) + \begin{bmatrix} 2 \\ 0 \end{bmatrix}u(t)$$

$$y(t) = \begin{bmatrix} 0.5 & 0.5 \end{bmatrix}x(t)$$

是使用 ssdata 得到的 $G(s)$ 的实现。取三组不同的状态初值 $[0.1, 0.1]^T$、$[1.0, 1.0]^T$ 和 $[2.0, 2.0]^T$ 进行仿真，偏差信号 $e(t)$（图 3.21 中的 x）的响应见图 3.24。前两组初始条件下图 3.21 中响应 $c(t)$ 的初值 $c(0)$ 分别为 0.1 和 1.0，均小于 A_2，理论分析表明稳态时 $e(t) = x(t) = 0.5557\sin(1.4142t)$；观察图 3.24 可知前两组初始条件下，偏差信号 $e(t)$ 确实存在周期性，但是，与理论分析不同的是周期信号不是单一频率的正弦信号。第三组初始条件下 $c(0) = 2.0 > A_2$，故理论上 $e(t)$ 会发散，观察图 3.24 可知 $e(t)$ 确实是发散的。

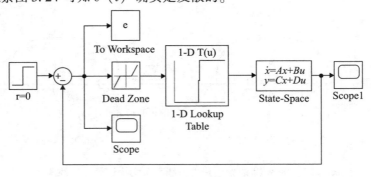

图 3.23　例 3.10 的 Simulink 框图

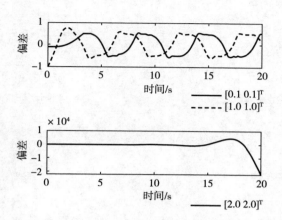

图 3. 24　不同初始条件下例 3. 10 的偏差响应

3. 4　部分案例的 Matlab 程序

3. 4. 1　例 3. 1 源程序

```
% 例 3. 1 程序 ex3_1.m 开始
close all
clear
clc
omega = 5;
s = tf('s');
Phi_e = s * (0.1 * s + 1)/(0.1 * s^2 + s + 100);
beta = Phi_e.num{1};                    % 分子多项式系数
alpha = Phi_e.den{1};                   % 分母多项式系数
n = length(alpha) - 1;
C = [zeros(n,1)];                       % 保存递推法计算结果
beta = beta(end: -1:1);
alpha = alpha(end: -1:1);
```

```
Coef1 = 0;

Coef2 = 0;

sign1 = -1;

sign2 = -1;

for ii = 1:20                              % 递推计算

    u = 0;

    if ii < = n +1

        u = beta(ii);

    end

    C₁ = (u - alpha(2:end) * C(end: -1:end - n +1))...

        /alpha(1);% 公式(3.7)

    C = [C;C₁];

    if mod(ii,2) = =1% 公式(3.14)

        sign1 = - sign1;

        Coef1 = Coef1 + sign1 * C₁ * omega^(ii -1);

    else

        sign2 = - sign2;

        Coef2 = Coef2 + sign2 * C1 * omega^(ii -1);

    end

end

disp(['动态误差系数法得到的稳态误差:',...   % 显示计算结果

    num2str(norm([Coef1 Coef2])),'sin(',...

    num2str(omega),'t +',...

    num2str(angle(Coef1 + Coef2 * j) * 180 /pi),')'])

[mag,phase] = bode(Phi_e,omega);

disp(['频率响应定义得到的稳态误差:',...

    num2str(mag),'sin(',num2str(omega),...

    't +',num2str(phase),')'])
```

```matlab
[A,b,c,d] = ssdata(Phi_e);                  % 状态空间实现
inv_A = inv(A);
C_ss = [zeros(n,1)];                        % 保存直接法计算结果
C_ss = [C_ss; -c * inv_A * b + d];          % 直接算法,公式(3.12)
for ii = 2:20
    C_ss = [C_ss; -c * inv_A^ii * b];
end
Table3_1 = [C C_ss C - C_ss];
% 例 3.1 程序 ex3_1.m 结束
```

3.4.2 例 3.4 源程序

```matlab
% 例 3.4 程序 ex3_4.m 开始
close all
clear
clc
k_1 = 0.2;                                  % 模型参数
k_2 = 0.5;
k_3 = 1.0;
k_4 = 2.0;
sim('ex3_4_sim.slx',25);                    % 运行 Simulink 文件
saveas(get_param(gcs,'handle'),'fig3_2.emf')
figure(1);                                  % 绘图
subplot(211)
plot(y.time,y.signals.values(:,1),'k');
hold on
plot(y.time,y.signals.values(:,2),'k:',...
    'linewidth',1.25);
plot(y.time,y.signals.values(:,3),'k - -');
```

```
hold off
leg1 = legend({'{\itk} = 0.2','{\itk} = 0.5',...
    '{\itk} = 1.0'},'box','off','Fontsize',10.5);
po1 = get(leg1,'position');
set(leg1,'position',[po1(1) - 0.03,po1(2) - ...
    0.27,po1(3),po1(4)]);
xlabel('时间/s');
ylabel('\it{y}');
subplot(212)
plot(y.time,y.signals.values(:,4),'k');
leg2 = legend({'{\itk} = 2.0'},'box','off',...
    'Fontsize',10.5)
po2 = get(leg2,'position');
set(leg2,'position',[po2(1) - 0.03,po2(2),...
    po2(3),po2(4)]);
xlabel('时间/s');
ylabel('\it{y}');
% 例3.4 程序 ex3_4.m 结束
```

3.4.3　例3.5 源程序

```
% 例3.5 程序 ex3_5.m 开始
close all
clear
clc
a = 3;                                      % 模型参数
k = 5;
omega_x1 = (k^2 - a^2)^0.5%
tau_critical = (pi - atan(omega_x1/a))/omega_x1
```

```
digits(2);
temp = double(vpa(tau_critical));        % 保留 tau 小数点后前 2 位
if tau_critical - temp > 0               % 第二组时延参数赋值
    tau2 = temp;
else
    tau2 = temp - 0.1;
end
tau3 = temp + 0.1;                       % 第三组时延参数赋值
tau1 = 0.30;                             % 第一组时延参数赋值
while tau1 > tau_critical
    tau1 = tau1 / 2
end
sim('ex3_5_sim.slx',15);                 % 运行对应的 Simulink 文件
saveas(get_param(gcs,'handle'),'fig3_4.emf');% 保存 Simulink 框图为图片
figure(1);                               % 绘图
plot(y.time,y.signals.values(:,1),'k');
hold on
plot(y.time,y.signals.values(:,2),'k - -');
plot(y.time,y.signals.values(:,3),'k - .','linewidth',1.25);
hold off
legend('{ \tau} = 0.30','{ \tau} = 0.55','{ \tau} = 0.65')
legend('boxoff')
xlabel('时间 /s');
ylabel('{ \ity}');
% 例 3.5 程序 ex3_5.m 结束
```

3.4.4   例 3.6 源程序

```
% 例 3.6 程序 ex3_6.m 开始
```

```
close all
clear
clc
a = 10;                              % 模型参数
k = 2;
tau1 = 3;
tau2 = 10;
tau = [tau1 tau2];
for ii = 1:2                         % 牛顿法循环
    omega_x1 = 1;
    for jj = 1:10
        f = pi/2 - atan(omega_x1/a) - tau(ii) * ...
            omega_x1;
        df = -(a/(a^2 + omega_x1^2) + tau(ii));
        omega_x1 = omega_x1 - f/df;
    end
    disp(['tau = ',num2str(tau(ii)),...    % 显示计算结果
'时 omega_x1 = ',num2str(omega_x1)])
end
sim('ex3_6_sim.slx',100);            % 运行对应的 Simulink 文件
saveas(get_param(gcs,'handle'),'fig3_6.emf')% 保存 Simulink 框图为图片
figure(1);                           % 绘图
plot(y.time,y.signals.values(:,1),'k');
hold on
plot(y.time,y.signals.values(:,2),'k--');
hold off
legend('{\tau} = 3','{\tau} = 10')
legend('boxoff')
```

```
xlabel('时间/s');

ylabel('|\ity|');

% 例 3.6 程序 ex3_6.m 结束
```

3.4.5 例 3.7 源程序

```
% 例 3.7 程序 ex3_7.m 开始
close all
clear
clc
a = 3;                                      % 模型参数
b = 10;
k = 10;
index = k/(a * b);
if index < 1                                % 显示闭环系统稳定性结论
    disp(['k = ',num2str(k),',a = ',num2str(a),...
        ',b = ',num2str(b),'时闭环系统稳定']);
else
    disp(['k = ',num2str(k),',a = ',num2str(a),...
        ',b = ',num2str(b),'时闭环系统不稳定']);
end
tau1 = 1;
tau2 = 5;
tau3 = 15;
sim('ex3_7_sim',100)                        % 运行对应的 Simulink 文件
saveas(get_param(gcs,'handle'),'fig3_8.emf')% 保存 Simulink 框图为图片
figure(1);                                  % 绘图
plot(y.time,y.signals.values(:,1),'k');
hold on
```

```
plot(y.time,y.signals.values(:,2),'k - -');

plot(y.time,y.signals.values(:,3),'k - .','linewidth',1.25);

hold off

legend('{ \it \tau} =1','{ \it \tau} =5','{ \it \tau} =15')

legend('boxoff')

xlabel('时间/s');

ylabel('\ity');

% 例3.7 程序 ex3_7.m 结束
```

3.4.6　例3.8 源程序

```
% 例3.8 程序 ex3_8.m 开始

close all

clear

clc

s = tf('s');

k = 25;

T₁ = 0.1;

T₂ = 0.4;

omega_x = 1/(T₁ * T₂)^0.5;

G = k/s/(T₁ * s +1)/(T₂ * s +1);          % 线性部分传递函数

[E,f,g,d] = ssdata(G);                      % 给 Simulink 文件使用

K = 1;% 饱和非线性参数

a = 1;

u = 0.9;% u 的初值

for ii = 1:10% 牛顿法求 u

    u = u - (asin(u) + u * (1 - u^2)^0.5 - pi/4)/...

        2/(1 - u^2)^0.5;

end
```

```
A = a/u;                              % 周期运动幅值的理论值
disp(['描述函数法分析得到周期运动:e(t) =',...
    num2str(A),'sin(',num2str(omega_x),'t)']);
sim('ex3_8_sim.slx',20);
saveas(get_param(gcs,'handle'),...
'图3.14 例3.8 的 Simulink 框图 .emf')
figure(1)
plot(e.time,e.signals.values,'k')
xlabel('时间/s')
ylabel('偏差 \ite')
[pks1,locs1] = findpeaks(e.signals.values);% 找到响应的峰值
T_sim = e.time(locs1(end)) - e.time(locs1(...
    end - 1));                       % 响应的周期
omega_sim = 2 * pi/T_sim;            % 响应的频率
[pks2,locs2] = findpeaks( - e.signals.values);
A_sim = (e.signals.values(locs1(end)) - ...
    e.signals.values(locs2(end)))/2;% 响应的幅值
disp(['Simulink 得到周期运动:e(t) =',num2str(...
    A_sim),'sin(',num2str(omega_sim),'t)']);
% 例3.8 程序 ex3_8.m 结束
```

3.4.7 例 3.9 源程序

```
% 例3.9 程序 ex3_9.m 开始
close all
clear
clc
s = tf('s');
P = 0.5 * (s + 1)/s/(s - 1);
```

```
[E,f,g,d] = ssdata(P);

init_cond = [1.4 1.4];

sim('ex3_9_sim.slx',20);

init_cond = init_cond/2;

figure(1)

plot(e.time,e.signals.values,'k');

hold on

init_cond = [1.2 1.2];

sim('ex3_9_sim.slx',20);

plot(e.time,e.signals.values,'k--','linewidth',1.25);

init_cond = [0.9 0.9];

sim('ex3_9_sim.slx',20);

plot(e.time,e.signals.values,'k:','linewidth',1.25);

legend('[1.4 1.4]^T','[1.2 1.2]^T','[0.9 0.9]^T')

legend('boxoff')

xlabel('时间/s');

ylabel('偏差');

saveas(get_param(gcs,'handle'),...

    '图3.19 例3.9的Simulink框图.emf')

% 例3.9程序ex3_9.m结束
```

3.4.8　例3.10源程序

```
% 例3.10程序ex3_10.m开始

close all

clear

clc

K = 1;

M = 1;
```

```
h = 0.5;
u_init = [0.9 0.1];
for jj = 1:2
    u = u_init(jj);
    for ii = 1:10
        f1 = 1 - K * 4 * M * u/pi/h * (1 - u^2)^0.5;
        df1 = - K * 4 * M/pi/h * (1 - 2 * u^2)/(1 - u^2)^0.5;
        u = u - f1/df1;
    end
    A(jj) = h/u;
end
s = tf('s');
G = K * (s + 1)/(s^2 - s + 1);
[E,f,g,h] = ssdata(G);
Start_of_dead_zone = - 0.3;              % Simulink 文件中死区参数
End_of_dead_zone = 0.3;
Table_data = [ -1 -1 0 0 1 1];           % Simulink 文件中查询表参数
Breakpoints_1 = [ -100 -0.2 -0.2 + eps ...
    0.2 - eps 0.2 100];
init_cond = 0.1 * [1 1];
sim('ex3_10_sim.slx',20);
saveas(get_param(gcs,'handle'),...
'图 3.23 例 3.10 的 Simulink 框图 .emf')
figure(1)
subplot(211)
plot(e.time,e.signals.values,'k')
hold on
init_cond = 1 * [1 1];
```

```matlab
sim('ex3_10_sim.slx',20);
plot(e.time,e.signals.values,'k - -','linewidth',1.25)
hold off
% legend({'[0.1 0.1]^T','[1.0 1.0]^T'},'box','off')
leg1 = legend({'[0.1 0.1]^T','[1.0 1.0]^T'},...
    'box','off','Fontsize',10.5);
po1 = get(leg1,'position');
set(leg1,'position',[po1(1) - 0.04,po1(2) - ...
    0.24,po1(3),po1(4)]);
xlabel('时间/s');
ylabel('\ite');
subplot(212)
init_cond = 2 * [1 1];
sim('ex3_10_sim.slx',20);
plot(e.time,e.signals.values,'k')
xlabel('时间/s');
ylabel('\ite');
leg2 = legend({'[2.0 2.0]^T'},'box','off',...
    'Fontsize',10.5);
po2 = get(leg2,'position');
set(leg2,'position',[po2(1) - 0.04,po2(2) + ...
    0.03,po2(3),po2(4)]);
% 例 3.10 程序 ex3_10.m 结束
```

第 4 章

系统校正

4.1 串联滞后和超前校正装置设计

4.1.1 引言

串联校正是闭环控制的主要方式，滞后校正和超前校正是其中两种重要的校正装置。现有的滞后和超前校正装置设计方法通常是试凑法[1,7]，其手工计算过程需要设计人员具备丰富的经验，对初学者而言有较大的难度。作为一种重要的计算和仿真工具，Matlab 软件在课程教学和学生创新能力培养方面发挥了重要作用。现有的校正装置 Matlab 辅助设计方法，如文献 [26-29]，也是基于试凑法的。唐建国等[30]提出了一种无须试凑的设计方法，由于需要在尼科尔斯图上读数，使用该方法容易产生读数误差，难以保证计算精度。本节介绍一种以非线性方程组求根为基础的串联校正装置设计方法，并通过设计实例对方法进行验证。

4.1.2 问题描述

在如图 4.1 所示的单位反馈系统中，$G(s)$ 为被控对象的传递函数，$C(s)$ 为校正装置的传递函数，$R(s)$、$E(s)$、$U(s)$ 和 $Y(s)$ 分别为系统的参考输入、偏差、控制量和输出。串联校正装置设计问题可以描述为滞后校正装置

$$C(s) = \frac{U(s)}{E(s)} = \frac{1 + bTs}{1 + Ts} \tag{4.1}$$

其中：$b \in (0, 1)$ 是滞后校正装置的分度系数，$T > 0$ 为时间常数。也可以描述为超前校正装置

$$C(s) = \frac{U(s)}{E(s)} = \frac{1 + aTs}{1 + Ts} \tag{4.2}$$

其中：$a > 1$ 是超前校正装置的分度系数，$T > 0$ 为时间常数，使得校正后系统的相角裕度 γ 不小于期望值 γ_0。

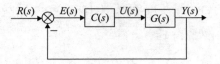

图 4.1　串联校正系统结构

4.1.3　滞后校正装置设计方法

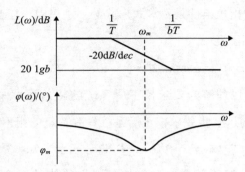

图 4.2　滞后校正装置伯德图

滞后校正装置式（4.1）的伯德图如图 4.2 所示，其对数幅频特性的转折频率为 $1/T$ 和 $1/bT$，相频特性始终小于 0，是滞后校正装置名称的来源。理论分析表明[1]，对数相频特性在频率

$$\omega_m = \frac{1}{T\sqrt{b}}$$

处有最大滞后相角

$$\varphi_m = \arcsin\left(\frac{1-b}{1+b}\right)$$

在校正后系统的截止频率 ω_c 处，滞后校正装置的幅频特性和相频特性分别为

$$|C(j\omega_c)| = \sqrt{\frac{1 + b^2 T^2 \omega_c^2}{1 + T^2 \omega_c^2}}$$

和

$$\angle C(j\omega_c) = \arctan(bT\omega_c) - \arctan(T\omega_c)$$

根据设计要求，在 ω_c 处有幅值条件

$$20\lg|P(j\omega_c)G(j\omega_c)| = 20\lg|P(j\omega_c)| + 10\lg\left(\frac{1+b^2T^2\omega_c^2}{1+T^2\omega_c^2}\right) = 0 \quad (4.3)$$

和相角条件

$$\gamma = \pi + \angle P(j\omega_c) + \arctan(bT\omega_c) - \arctan(T\omega_c) \geqslant \gamma_0 \quad (4.4)$$

式（4.4）的相角条件是不等式形式的，这里引入松弛变量 $\gamma_1 > 0$，将相角条件转化为等式形式

$$\pi + \angle P(j\omega_c) + \arctan(bT\omega_c) - \arctan(T\omega_c) - \gamma_0 - \gamma_1 = 0 \quad (4.5)$$

式（4.5）可以理解为要求校正后系统的相角裕度 γ 与 $\gamma_0 + \gamma_1$ 相等，即可以在设计之前进一步要求校正后系统具有特定的相角裕度。

式（4.3）和式（4.5）中有 b、T 和 ω_c 三个未知参数，为此需要引入第三个方程。滞后校正装置的对数幅频特性曲线的两个交接频率分别为 $1/T$ 和 $1/(bT)$，且截止频率 ω_c 要大于第二个交接频率 $1/(bT)$，故可令[1]

$$T = \frac{n}{b\omega_c} \quad (4.6)$$

（4.6）中，可以取常数 $n = 10$。考虑到滞后校正装置的分度系数需要满足条件 $0 < b < 1$，为了消除该约束，进行变量代换，令

$$b = \frac{1}{1+\beta^2} \quad (4.7)$$

式中，$\beta \in \mathbb{R}$。将式（4.6）、式（4.7）代入式（4.3）和式（4.5），并进行整理，有：

$$\begin{cases} (1+n^2)|P(j\omega_c)|^2 - 1 - n^2(1+\beta^2)^2 = 0 \\ \pi + \angle P(j\omega_c) - \arctan\left(\frac{n\beta^2}{1+n^2(1+\beta^2)}\right) - \gamma_0 - \gamma_1 = 0 \end{cases} \quad (4.8)$$

即滞后校正装置设计问题可以表示为式（4.8）给出的，关于 β 和 ω_c 的非

线性方程组的求根问题。这里采用 Matlab 软件提供的 fsolve 函数求解该方程组，得到 β 和 ω_c 之后根据式（4.7）和式（4.6）可以计算出滞后校正装置的分度系数 b 和时间常数 T，完成滞后校正装置的设计过程。

4.1.4 超前校正装置设计方法

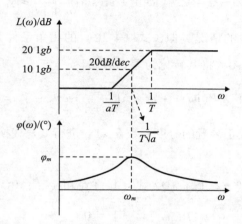

图 4.3 超前校正装置伯德图

超前校正装置式（4.2）的伯德图如图 4.3 所示，其对数幅频特性的转折频率为 $1/aT$ 和 $1/T$，相频特性始终大于 0，故式（4.2）被称为超前校正装置。经过理论分析可知超前校正装置在频率[1]

$$\omega_m = \frac{1}{T\sqrt{a}} \qquad (4.9)$$

处能够提供最大的正相角

$$\varphi_m = \arcsin\left(\frac{a-1}{a+1}\right)$$

相应地，对数幅频特性

$$20\lg|G(j\omega_m)| = 10\lg a$$

为了能够充分利用超前校正装置提供的最大正相角，将校正后系统的截止频率 ω_c 设置为与 ω_m 相等。故 ω_c 处幅值条件为

$$20\lg|P(j\omega_c)G(j\omega_c)| = 20\lg|P(j\omega_c)| + 10\lg a = 0 \qquad (4.10)$$

推导可知式（4.10）等价于

$$a|P(j\omega_c)|^2 - 1 = 0 \qquad (4.11)$$

而 ω_c 处相角条件为

$$\gamma = \pi + \angle P(j\omega_c) + \arcsin\left(\frac{a-1}{a+1}\right) \geqslant \gamma_0 \qquad (4.12)$$

与滞后校正时的情况类似，式（4.12）的相角条件是不等式形式的，引入松弛变量 $\gamma_2 > 0$，将其转化为等式形式

$$\pi + \angle P(j\omega_c) + \arcsin\left(\frac{a-1}{a+1}\right) - \gamma_0 - \gamma_2 = 0 \qquad (4.13)$$

考虑到超前校正装置的分度系数 $a > 1$，进行变量代换，令

$$a = 1 + \alpha^2 \qquad (4.14)$$

式中，$\alpha \in \mathbb{R}$，将式（4.14）代入式（4.11）和式（4.13），有

$$\begin{cases} (1 + \alpha^2)|P(j\omega_c)|^2 - 1 = 0 \\ \pi + \angle P(j\omega_c) + \arcsin\left(\dfrac{\alpha^2}{\alpha^2 + 2}\right) - \gamma_0 - \gamma_2 = 0 \end{cases} \qquad (4.15)$$

使用 fsolve 函数求解式（4.15），得到 α 和 ω_c（ω_m）之后，根据式（4.14）和式（4.9）即可计算出超前校正装置的分度系数 a 和时间常数 T。

本节给出的串联滞后和超前校正设计方法的优势在于通过设置合适的松弛变量 γ_1 或 γ_2，可以很方便地求出一系列满足设计要求的校正装置，而文献中的方法通常不具备这一能力。

4.1.5 案例研究

这里使用四个来源于文献的算例检验滞后和超前校正装置设计方法的正确性。在使用 fsolve 函数求解非线性方程组之前，需给出未知参数的初值，各例中，参数 α（或 β）的初值取 1，校正后系统的截止频率 ω_c 的初

值取校正前被控对象的截止频率。

例 4.1：该例引用自文献［30］。已知被控对象的传递函数

$$G(s) = \frac{(s+6)^2}{s(s+1)^2(s+36)}$$

要求设计串联滞后校正装置，使得校正后系统的相角裕度 $\gamma \geqslant \gamma_0 = 45°$，并与文献［30］中的结果进行比较。

解：取松弛变量 $\gamma_1 = 0$，即要求校正后系统的相角裕度 $\gamma = \gamma_0 + \gamma_1 = 45°$。常数 $n = 10$ 时，使用 fsolve 函数求得式（4.8）的根为 $\beta = 0.8537$ 和 $\omega_c = 0.4761$。代入式（4.7）和式（4.6）可以求得 $b = 0.5785$、$T = 36.3126$，故滞后校正装置的传递函数

$$C(s) = \frac{1+bTs}{1+Ts} = \frac{1+21.0068s}{1+36.3126s}$$

检验可知校正后系统的相角裕度 $\gamma = 45.0067°$，符合设计要求。

松弛变量 γ_1 取不同值，使用本文方法计算得到滞后校正装置的分度系数 b、时间常数 T 及校正后系统的相角裕度 γ 见表 4.1。由表 4.1 可知：松弛变量 γ_1 取不同值时，在误差范围内均可以认为 $\gamma = \gamma_0 + \gamma_1$ 成立；随着 γ_1 的增大，滞后校正装置的分度系数 b 逐渐减小，而时间常数 T 逐渐增大。

表 4.1　滞后校正装置参数与性能

γ_1 （°）	b	T	γ （°）
0	0.5785	36.3126	45.0067
1	0.5541	39.1279	46.0059
2	0.5309	42.1786	47.0053
3	0.5085	45.4909	48.0047
4	0.4871	49.0949	49.0041
5	0.4665	53.0251	50.0036

在校正后系统相角裕度 $\gamma = 45°$ 的设计要求下，文献［30］得到的滞后

校正装置的传递函数

$$C(s) = \frac{1 + 20.3687s}{1 + 35.43s}$$

此时校正后系统的相角裕度 $\gamma = 45.0582°$，与期望值不完全一致。

对比可知，使用本节方法得到了多个满足设计要求的滞后校正装置，并且校正后系统的相角裕度与引入松弛变量后的设计要求一致，而文献中 [30] 的设计方法不能在设计时预测出校正后的相角裕度，只能设计后再进行检验。

例 4.2：针对例 4.1 的被控对象，设计串联超前校正装置，使得校正后系统的相角裕度 $\gamma \geqslant \gamma_0 = 45°$，并与文献 [30] 中的结果进行比较。

解：取松弛变量 $\gamma_2 = 0$，利用 fsolve 函数求得式（4.15）的根为 $\alpha = 1.0745$ 和 $\omega_c = 0.8605$，进而代入式（4.14）和式（4.9）计算可得 $a = 2.1546$、$T = 0.7917$，即串联超前校正装置的传递函数

$$C(s) = \frac{1 + 1.7058s}{1 + 0.7917s}$$

校正后系统的相角裕度 $\gamma = 45.0000°$，满足设计要求。

文献 [30] 要求校正后系统的相角裕度 $\gamma = 45°$，设计得到的超前校正装置的传递函数

$$C(s) = \frac{1 + aTs}{1 + Ts} = \frac{1 + 1.6848s}{1 + 0.7665s}$$

检验可知，此时校正后系统的相角裕度 $\gamma = 45.4802°$，与期望的 45°有显著差别。

改变松弛变量 γ_2 的取值，使用本书方法得到的超前校正装置的 a、T 及 γ 的值见表 4.2。由表 4.2 可知：在误差范围内，松弛变量 γ_2 取不同值，不影响 γ 与 $\gamma_0 + \gamma_2$ 相等；随着 γ_2 的增大，超前校正装置的分度系数 a 逐渐增大，而时间常数 T 逐渐减小。

表 4.2　超前校正装置参数与性能表

γ_2 (°)	a	T	γ (°)
0	2.1546	0.7917	45.0000
1	2.3033	0.7518	46.0000
2	2.4645	0.7135	47.0000
3	2.6399	0.6768	48.0001
4	2.8312	0.6414	49.0001
5	3.0405	0.6073	50.0001

例 4.3：该例引用自文献 [28]。已知单位反馈系统中被控对象的传递函数

$$G(s) = \frac{25}{s(s + 25)}$$

要求设计串联滞后校正装置，使得校正后系统在单位斜坡输入下稳态误差不大于 1%，并且相角裕度 $\gamma \approx 45°$，并与文献 [28] 中的结果进行比较。

解：容易知道校正后系统的开环增益不小于 100 时能够满足稳态误差要求，而标准串联滞后校正装置和被控对象 G (s) 的开环增益均等于 1，故在设计滞后校正装置之前将被控对象的传递函数设置为 $100G$ (s)，设计结束之后再将增益 100 与标准串联滞后校正装置合并，成为最终的滞后校正装置。

取松弛变量 $\gamma_1 = 0$、常数 $n = 10$ 时，求解式（4.8）可得 $\beta = 1.5817$ 和 $\omega_c = 0.4761$。代入式（4.7）和式（4.6）可以求得 $b = 0.2856$、$T = 1.6156$，故滞后校正装置的传递函数

$$C(s) = \frac{100(1 + bTs)}{1 + Ts} = \frac{100(1 + 0.4614s)}{1 + 1.6156s}$$

校正后系统相角裕度 $\gamma = 45.0001°$。

文献 [28] 设计得到的滞后校正装置的传递函数

$$C(s) = \frac{100(1 + 0.463404s)}{1 + 1.6256s}$$

使用该校正装置进行系统校正，开环系统相角裕度 $\gamma = 45.0450°$。对比可

知使用本节方法能够得到更加接近于期望值的相角裕度。

例 4. 4：该例引用自文献［31］。已知被单位反馈系统中被控对象的传递函数

$$G(s) = \frac{1600}{s(s+4)(s+16)}$$

要求设计串联超前校正装置，使得校正后系统在单位斜坡输入下稳态误差不大于 4%，并且相角裕度 $\gamma \approx 30°$，并与文献［31］中的结果进行比较。

解：当校正后系统的开环增益不小于 25 时能够满足稳态误差要求，而标准串联超前校正装置和被控对象的开环增益分别为 1 和 25，故本例可以直接根据 $G(s)$ 设计超前校正装置。

取松弛变量 $\gamma_2 = 0$，求得式（4.15）的根为 $\alpha = 3.9694$ 和 $\omega_c = 16.6149$，进而代入式（4.14）和式（4.9）计算可得 $a = 16.7561$、$T = 0.0147$，即串联超前校正装置的传递函数

$$C(s) = \frac{1 + 0.2463s}{1 + 0.0147s}$$

校正后系统相角裕度 $\gamma = 30.0250°$，比期望值大 $0.0250°$。

文献［31］报道的超前校正装置

$$C(s) = \frac{1 + 0.24906s}{1 + 0.01433s}$$

校正后系统相角裕度 $\gamma = 30.1706°$，比期望值大 $0.1706°$，达到了校正后系统 $\gamma \approx 30°$ 的要求。但是与使用本节方法得到的结果相比，与期望值的偏差要大一些。

4.2　衰减曲线法的理论分析

4.2.1　引言

临界比例度法[10]和衰减曲线法[11]是两种基本的 PID 参数工程整定方

法。与临界比例度法需要使闭环系统产生等幅振荡不同，衰减曲线法可用于闭环系统响应不能或不允许产生等幅振荡的场合，不但是课程教学的重点，而且在实际系统中也有应用[32,33]。在通过仿真实验学习衰减曲线法时，学生面临的主要困难是由于经验不足，准确获取衰减曲线法参数通常需要花费较多时间，而且也不易自行验证整定结果是否正确。为此，本节针对有自衡特性双容对象和无自衡特性双容对象，通过理论分析得到了衰减曲线法参数的解析表达式，帮助学生更顺利地完成参数整定过程。

4.2.2 衰减曲线法简介

对于如图 4.1 所示的单位反馈系统，衰减曲线法首先要找到合适的比例控制器 $C(s) = K_d$，使闭环系统的单位阶跃响应具有 4∶1 或 10∶1 的衰减比，记录下此时衰减振荡的周期 T_d 或峰值时间 T_p，然后使用表 4.3 计算出比例系数 K_P、积分时间常数 T_I 和微分时间常数 T_D，最终得到 PID 控制器

$$C(s) = \frac{U(s)}{E(s)} = K_P\left(1 + \frac{1}{T_I s} + T_D s\right) \tag{4.16}$$

表 4.3　衰减曲线法 PID 控制器参数计算表[11]

衰减比	调节规律	整定参数		
		K_P	T_I	T_D
4∶1	P	K_d	∞	0
	PI	$K_d/1.2$	$0.5T_d$	0
	PID	$K_d/0.8$	$0.3T_d$	$0.1T_d$
10∶1	P	K_d	∞	0
	PI	$K_d/1.2$	$2T_p$	0
	PID	$K_d/0.8$	$1.2T_p$	$0.4T_p$

4.2.3 有自衡特性双容对象衰减曲线法的时域分析

如前所述，使用衰减曲线法的关键是得到参数 K_d、T_d（或 T_p）的值。

对于有自衡特性双容对象

$$G(s) = \frac{K}{(T_1 s + 1)(T_2 s + 1)} \tag{4.17}$$

其中：增益 $K > 0$，时间常数 $T_1 > 0$、$T_2 > 0$，参数 K_d、T_d 和 T_p 可以由定理4.1计算得到。

定理4.1：对于模型为式（4.17）的有自衡特性双容对象，若已知模型参数 T_1、T_2 和 K，则在比例控制器

$$C(s) = K_d = \frac{4\pi^2 (T_1 + T_2)^2 + (\ln n)^2 (T_1 - T_2)^2}{4KT_1 T_2 (\ln n)^2} \tag{4.18}$$

的作用下，闭环系统的单位阶跃响应将产生衰减比为 $n:1$ 的衰减振荡，并且衰减振荡周期

$$T_d = \frac{2(\ln n) T_1 T_2}{T_1 + T_2} \tag{4.19}$$

峰值时间

$$T_p = \frac{(\ln n) T_1 T_2}{T_1 + T_2}$$

证明：在式（4.18）给出的比例控制器作用下闭环传递函数

$$\Phi(s) = \frac{Y(s)}{R(s)} = \frac{KK_d}{T_1 T_2 s^2 + (T_1 + T_2)s + 1 + KK_d}$$

因为闭环特征方程

$$D_\Phi(s) = T_1 T_2 s^2 + (T_1 + T_2)s + 1 + KK_d = 0$$

的各项系数均为正，并且满足

$$(T_1 + T_2)^2 - 4T_1 T_2(1 + KK_d) = -\frac{4\pi^2 (T_1 + T_2)^2}{(\ln n)^2} < 0$$

故 $\Phi(s)$ 为二阶振荡环节，闭环系统的单位阶跃响应为衰减振荡形式。令闭环系统增益

$$K_\Phi = \frac{KK_d}{1 + KK_d} = \frac{4\pi^2 (T_1 + T_2)^2 + (\ln n)^2 (T_1 - T_2)^2}{[4\pi^2 + (\ln n)^2](T_1 + T_2)^2}$$

无阻尼振荡周期

$$\tau = \sqrt{\frac{T_1 T_2}{1 + KK_d}} = \frac{2(\ln n) T_1 T_2}{\sqrt{4\pi^2 + (\ln n)^2}(T_1 + T_2)}$$

阻尼比

$$\zeta = \frac{T_1 + T_2}{2\sqrt{T_1 T_2 (1 + KK_d)}} = \frac{\ln n}{\sqrt{4\pi^2 + (\ln n)^2}}$$

则闭环传递函数可以改写为

$$\Phi(s) = \frac{\dfrac{KK_d}{1 + KK_d}}{\dfrac{T_1 T_2}{1 + KK_d}s^2 + \dfrac{T_1 + T_2}{1 + KK_d}s + 1} = \frac{K_\Phi}{\tau^2 s^2 + 2\zeta\tau s + 1}$$

由拉氏反变换可得闭环系统单位阶跃响应

$$y(t) = L^{-1}[\Phi(s)R(s)] = L^{-1}\left[\frac{K_\Phi}{s(\tau^2 s^2 + 2\zeta\tau s + 1)}\right]$$

$$= K_\Phi - \frac{K_\Phi}{\sqrt{1 - \zeta^2}}e^{-\frac{\zeta}{\tau}t}\sin(\omega_d t + \varphi)$$

其中：衰减振荡频率

$$\omega_d = \frac{\sqrt{1 - \zeta^2}}{\tau} = \frac{\pi(T_1 + T_2)}{(\ln n) T_1 T_2}$$

初相角

$$\varphi = \arccos\zeta = \arctan\left(\frac{2\pi}{\ln n}\right)$$

令 $dy(t)/dt = 0$，可得第 i ($i = 1, 2, \cdots$) 个峰值对应的时间

$$t^{(i)} = \frac{(2i - 1)\pi}{\omega_d} = \frac{(2i - 1)(\ln n) T_1 T_2}{T_1 + T_2}$$

将 $t^{(i)}$ 代入 $y(t)$ 的表达式，有

$$y(t^{(i)}) = K_\Phi - \frac{K_\Phi}{\sqrt{1 - \zeta^2}}e^{-\frac{\zeta}{\tau}t^{(i)}}\sin(\omega_d t^{(i)} + \varphi)$$

$$= K_\Phi + K_\Phi\exp\left(-\frac{(2i - 1)(\ln n)}{2}\right) = K_\Phi + \frac{K_\Phi}{n^{i-0.5}}$$

又因为 $y(\infty) = K_\Phi$，故闭环系统单位阶跃响应的衰减比

$$\frac{y(t^{(1)}) - y(\infty)}{y(t^{(2)}) - y(\infty)} = \frac{K_\Phi + \dfrac{K_\Phi}{n^{1-0.5}} - K_\Phi}{K_\Phi + \dfrac{K_\Phi}{n^{2-0.5}} - K_\Phi} = n : 1$$

并且衰减振荡周期

$$T_d = \frac{2\pi}{\omega_d} = \frac{2(\ln n) T_1 T_2}{T_1 + T_2}$$

峰值时间

$$t_p = t^{(1)} = \frac{(\ln n) T_1 T_2}{T_1 + T_2}$$

证毕。

4.2.4 无自衡特性双容对象衰减曲线法的时域分析

定理 4.2 给出了无自衡特性双容对象

$$G(s) = \frac{1}{T_1 s (T_2 s + 1)} \tag{4.20}$$

其中：时间常数 $T_1 > 0$、$T_2 > 0$ 的衰减曲线法参数 K_d、T_d（或 T_p）与模型参数 T_1、T_2 之间的关系。

定理 4.2：对于模型为式（4.20）的无自衡特性双容对象，若已知模型参数 T_1 和 T_2，则在比例控制器

$$C(s) = K_d = \frac{[4\pi^2 + (\ln n)^2] T_1}{4 (\ln n)^2 T_2} \tag{4.21}$$

的作用下，闭环系统的单位阶跃响应将产生衰减比为 $n : 1$ 的衰减振荡，并且衰减振荡周期

$$T_d = 2(\ln n) T_2$$

峰值时间

$$T_p = (\ln n) T_2$$

证明：在式（4.21）给出的比例控制器 $C(s) = K_d$ 的作用下闭环传递函数

$$\Phi(s) = \frac{Y(s)}{R(s)} = \frac{K_d}{T_1 T_2 s^2 + T_1 s + K_d}$$

因为

$$T_1^2 - 4T_1 T_2 K_d = -\left(\frac{2\pi T_1}{\ln n}\right)^2 < 0$$

故闭环特征方程

$$D_\Phi(s) = T_1 T_2 s^2 + T_1 s + K_d = 0$$

有一对共轭复根，说明闭环系统的单位阶跃响应为衰减振荡形式。令无阻尼振荡周期

$$\tau = \sqrt{\frac{T_1 T_2}{K_d}} = \frac{2(\ln n) T_2}{\sqrt{4\pi^2 + (\ln n)^2}}$$

阻尼比

$$\zeta = \frac{T_1 / K_d}{2\sqrt{T_1 T_2 / K_d}} = \frac{\ln n}{\sqrt{4\pi^2 + (\ln n)^2}}$$

则闭环传递函数

$$\Phi(s) = \frac{K_d}{T_1 T_2 s^2 + T_1 s + K_d} = \frac{1}{\tau^2 s^2 + 2\zeta\tau s + 1}$$

由此可得闭环系统的单位阶跃响应

$$y(t) = L^{-1}[\Phi(s) R(s)] = L^{-1}\left[\frac{1}{s(\tau^2 s^2 + 2\zeta\tau s + 1)}\right]$$

$$= 1 - \frac{1}{\sqrt{1 - \zeta^2}} e^{-\frac{\zeta}{\tau} t} \sin(\omega_d t + \varphi)$$

其中：衰减振荡频率

$$\omega_d = \frac{\sqrt{1 - \zeta^2}}{\tau} = \frac{\pi}{(\ln n) T_2}$$

初相角

$$\varphi = \arccos\zeta = \arctan\left(\frac{2\pi}{\ln n}\right)$$

令 $dy(t)/dt = 0$，可得第 i （$i = 1, 2, \cdots$）个峰值对应的时间

$$t^{(i)} = \frac{(2i-1)\pi}{\omega_d} = (2i-1)(\ln n)T_2$$

进而有

$$y(t^{(i)}) = 1 - \frac{1}{\sqrt{1-\zeta^2}}e^{-\frac{\zeta}{\tau}t^{(i)}}\sin(\omega_d t^{(i)} + \varphi) = 1 + \frac{1}{n^{i-0.5}}$$

又因为 $y(\infty) = 1$，故闭环系统单位阶跃响应的衰减比

$$\frac{y(t^{(1)}) - y(\infty)}{y(t^{(2)}) - y(\infty)} = \frac{1 + \dfrac{1}{n^{1-0.5}} - 1}{1 + \dfrac{1}{n^{2-0.5}} - 1} = n:1$$

并且衰减振荡周期

$$T_d = \frac{2\pi}{\omega_d} = 2(\ln n)T_2$$

峰值时间

$$t_p = t^{(1)} = (\ln n)T_2$$

证毕。

4.2.5　双容对象衰减曲线法的根轨迹分析

有自衡特性双容对象有 T_1、T_2 和 K 三个模型参数，无自衡特性双容对象仅有 T_1 和 T_2 两个模型参数。由定理4.1和定理4.2可以观察到如下事实：

（1）衰减曲线法需要使用的两个参数 K_d、T_d（或 T_p）对模型参数的依赖性是不同的。K_d 由全部模型参数及期望的衰减比决定；对有自衡特性双容对象而言，T_d 和 T_p 由时间常数 T_1 和 T_2 及期望的衰减比决定，而对于无自衡特性双容对象，T_d 和 T_p 由时间常数 T_2 和期望的衰减比决定，与时间常数 T_1 无关，反映了两类对象的重要区别。

（2）不论被控对象为有自衡特性双容对象，还是无自衡特性双容对

象，在比例控制作用下两类对象下均有 $T_{\mathrm{d}} = 2T_{\mathrm{p}}$ 成立，阻尼比 ζ 均由期望的衰减比决定，计算公式也相同。考虑到两类对象在比例控制作用下均表现为二阶振荡环节，所以出现上述结果是很自然的。可以将上述结论总结为如下的定理。

定理 4.3：若二阶欠阻尼系统

$$\Phi(s) = \frac{K_\Phi}{\tau^2 s^2 + 2\zeta\tau s + 1}$$

的衰减比为 $n:1$，则其阻尼比

$$\zeta = \frac{\ln n}{\sqrt{4\pi^2 + (\ln n)^2}} \tag{4.22}$$

证明：略。

定理 4.3 表明对闭环系统衰减比的要求可以转换为对闭环系统的阻尼比的要求。下面以定理 4.3 为基础，从根轨迹角度分析定理 4.1 的必要性。

对于模型为式（4.17）的有自衡特性双容对象，其开环极点 $p_1 = -1/T_1$ 和 $p_2 = -1/T_2$，无开环零点，故根轨迹有两个分支，分别起始于 p_1 和 p_2，终止于无穷远处，$p_1 \sim p_2$ 为实轴上的根轨迹段；容易求得根轨迹有一个分离点 $s_{\mathrm{se}} = (p_1 + p_2)/2$，根轨迹有两条渐近线，渐近线与实轴的交点为 s_{se}，夹角为 $\pm \pi/2$。综合上述结果可以画出时根轨迹图，如图 4.4 所示，若 $T_1 = T_2$，实轴上的根轨迹将缩小为一个点。

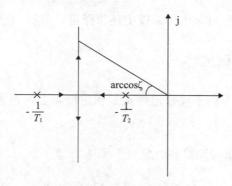

图 4.4　有自衡特性双容对象根轨迹图 $(T_1 < T_2)$

设闭环系统阻尼比为 ζ 时比例控制器增益为 K_s，由图 4.4 可知闭环特征方程

$$D_\Phi(s) = T_1 T_2 s^2 + (T_1 + T_2 s) + 1 + KK_s = 0$$

的根 s_1 和 s_2

$$s_1 s_2 = \frac{1 + KK_s}{T_1 T_2} = \left(\frac{|s_{se}|}{\zeta} \right)^2 \tag{4.23}$$

$$\mathrm{Im}(s_1) = -\mathrm{Im}(s_1) = |s_{se}|\tan(\arccos\zeta) = \omega_d = \frac{2\pi}{T_s} \tag{4.24}$$

成立。将 s_{se} 和定理 4.3 中阻尼比 ζ 的表达式（4.22）代入式（4.23）和式（4.24），可得

$$K_s = \frac{4\pi^2 (T_1 + T_2)^2 + (\ln n)^2 (T_1 - T_2)^2}{4KT_1 T_2 (\ln n)^2}$$

$$\omega_d = \frac{\pi(T_1 + T_2)}{(\ln n) T_1 T_2}$$

$$T_s = \frac{2(\ln n) T_1 T_2}{T_1 + T_2}$$

这里 K_s 与式（4.18）的 K_d 的表达式相同，T_s 也与式（4.19）的 T_d 的表达式相同，这说明从根轨迹分析角度也能得到 4：1 衰减比情况下衰减曲线法所需的参数 K_d 和 T_d。但是根轨迹分析难以直接得到 10：1 衰减比情况下衰减曲线法需要的参数 T_p。

无自衡特性双容对象也可以按上述思路进行分析，这里不再赘述。

4.2.6　案例研究

本小节使用两个例子检验定理 4.1 和定理 4.2 的正确性，计算在 Matlab 环境下进行。

例 4.5：有自衡特性双容对象

$$G(s) = \frac{4}{(2s + 1)(10s + 1)}$$

根据定理4.1计算衰减曲线法参数的理论值并进行仿真验证。

解：模型参数为 $T_1 = 2s$、$T_2 = 10s$、$K = 4$，故由定理4.1计算可得当 $K_d = 9.4440$ 时闭环系统单位阶跃响应的衰减比为4：1，衰减振荡周期 T_d 的理论值为4.6210s，峰值时间 T_p 的理论值为2.3105s；当 $K_d = 3.5507$ 时闭环系统单位阶跃响应的衰减比为10：1，T_d 的理论值为7.6753s，T_p 的理论值为3.8376s。

设置仿真时间为40s，步长为 1×10^{-4}s，使用比例控制器的理论值，借助 step 命令计算闭环系统单位阶跃响应，结果如图4.5所示。

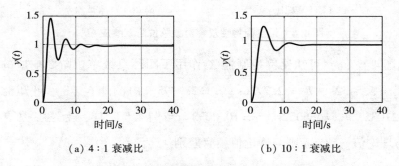

(a) 4：1衰减比　　　　　　(b) 10：1衰减比

图4.5　有自衡特性双容对象单位阶跃响应

由图4.5（a）可知比例控制器 K_d 作用下闭环系统单位阶跃响应的参数为 $T_d = 4.6210s$、$T_p = 2.3105s$、$n = 4.0001$。由图4.5（b）可知此时 $T_d = 7.6753s$、$T_p = 3.8376s$、$n = 9.9990$。上述参数中 T_d 和 T_p 与理论值一致，n 则与理论值稍有差别。

例4.6：无自衡特性双容对象

$$G(s) = \frac{1}{10s(2s + 1)}$$

根据定理4.2计算衰减曲线法参数的理论值并进行仿真验证。

解：模型参数 $T_1 = 10s$、$T_2 = 2s$，故根据定理4.2计算可得当 $K_d = 26.9279$ 时闭环系统单位阶跃响应的衰减比为4：1，$T_d = 5.5452s$、$T_p = 2.7726s$；当 $K_d = 10.5576$ 时闭环系统单位阶跃响应的衰减比为10：1，

$T_{\rm d} = 9.2103{\rm s}$，$T_{\rm p} = 4.6052{\rm s}$。

采用与例 4.5 相同的方法设置计算闭环系统的单位阶跃响应，结果如图 4.6 所示。

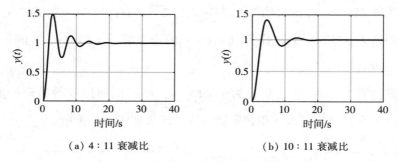

（a）4:11 衰减比　　　　　　　　　（b）10:11 衰减比

图 4.6　无自衡特性双容对象单位阶跃响应

由图 4.6（a）可知比例控制器 $K_{\rm d}$ 作用下闭环系统单位阶跃响应的参数为 $T_{\rm d} = 5.5452{\rm s}$、$T_{\rm p} = 2.7726{\rm s}$、$n = 3.9995$。由图 4.6（b）可知此时 $T_{\rm d} = 9.2103{\rm s}$、$T_{\rm p} = 4.6052{\rm s}$、$n = 10.0032$。与例 4.5 一样，上述参数中 $T_{\rm d}$ 和 $T_{\rm p}$ 与理论值一致，n 则与理论值稍有差别。

4.3　临界比例度法的理论分析

4.3.1　引言

临界比例度法是一种重要的 PID 参数整定方法。自动化专业本科"过程控制系统"课程中会讲授临界比例度法，实验课也经常会针对该方法开展训练[34-37]。现行主流教材中通常只是将临界比例度法作为一种 PID 参数整定方法加以介绍，一般不会将该方法与"自动控制原理"课程中讲授过的系统稳定性判据联系起来。使用临界比例度法关键是要得到临界比例系数和等幅振荡周期这两个参数的值。上述两个参数是通过实验方式得到的，但是对于一些特定形式的被控过程，如果已知被控对象、执行器和测量变送器的数学模型，两个参数是可以计算出来的。文献［38，39］均指出过这一观点，并分别采用奈奎斯特稳定判据和根轨迹法进行了计算，但是没有进行详细的理论分析。本节以有自衡特性三容对象和无自衡特性三容对象为例，对临界比例度法进行了理论分析，并给出了临界比例度法参数的计算公式。

4.3.2 临界比例度法简介

考虑如图 4.7 所示的单回路控制系统，图 4.7 中 $R(s)$、$E(s)$、$U(s)$、$Y(s)$ 和 $B(s)$ 分别为系统的参考输入、偏差、控制量、被控量和反馈量，$C(s)$、$G_v(s)$、$G_p(s)$ 和 $G_m(s)$ 分别为控制器、执行器、被控对象和测量变送器的传递函数。

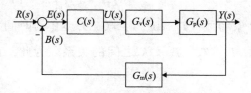

图 4.7 单回路控制系统结构

若 $Y(s)$ 和 $B(s)$ 在阶跃型参考输入 $R(s)$ 和增益为临界比例系数 K_c 的比例控制器 $C(s)$ 作用下产生周期为 T_k 的等幅振荡，则 PID 控制器

$$C(s) = \frac{U(s)}{E(s)} = K_P\left(1 + \frac{1}{T_I s} + T_D s\right) \tag{4.25}$$

的三个参数：比例系数 K_P、积分时间常数 T_I 和微分时间常数 T_D，可以由表 4.4 确定。

表 4.4 临界比例度法 PID 控制器参数计算表[10]

控制器	参数值		
	K_P	T_I	T_D
P	$K_c/2.00$	∞	0
PI	$K_c/2.20$	$0.85T_c$	0
PID	$K_c/1.67$	$0.50T_c$	$0.125T_c$

临界比例度法不需要已知被控对象、执行器和测量变送器的数学模型，只需在实验过程中逐步增大比例控制器的比例系数，直到被控对象的输出产生等幅振荡，记录临界比例系数 K_c 和等幅振荡的周期 T_c 的值，就可以确定 PID 控制器的参数。临界比例度法是一种不依赖于数学模型的控制器设计方法，这使得人们常常忽略了其背后的理论基础。

4.3.3 有自衡特性三容对象临界比例度法的理论分析

如前所述，临界比例度法的关键问题是确定参数 K_c 和 T_c 的值。本节针对有自衡特性三容对象

$$G(s) = G_m(s)G_p(s)G_v(s) = \frac{K}{(T_1 s + 1)(T_2 s + 1)(T_3 s + 1)} \quad (4.26)$$

其中：$K > 0$ 为对象增益，$T_1 > 0$、$T_2 > 0$、$T_3 > 0$ 为时间常数，研究参数 K_c、T_c 与模型参数 T_1、T_2、T_3 及 K 之间的关系。为此，首先给出下面的引理。

引理 1：对于正常数 T_1、T_2 和 T_3，有

$$\prod_{i=1}^{3} \sqrt{T_i^2 \frac{T_1 + T_2 + T_3}{T_1 T_2 T_3} + 1} = \sum_{i=1}^{3} \sum_{j=1}^{3} \frac{T_i}{T_j} - 1 \quad (4.27)$$

成立。

证明：令

$$M_1 = \prod_{i=1}^{3} \sqrt{T_i^2 \frac{T_1 + T_2 + T_3}{T_1 T_2 T_3} + 1}$$

$$M_2 = \sum_{i=1}^{3} \sum_{j=1}^{3} \frac{T_i}{T_j} - 1$$

则

$$M_1^2 = \prod_{i=1}^{3} \left(T_i^2 \frac{T_1 + T_2 + T_3}{T_1 T_2 T_3} + 1 \right)$$

$$= \left(\frac{2T_1 T_2}{T_3^2} + \frac{T_2^2}{T_3^2} + \frac{3T_2}{T_3} + \frac{T_2^2}{T_1 T_3} + \frac{T_1^2}{T_3^2} + \frac{3T_1}{T_3} + 2 + \frac{T_2}{T_1} + \frac{T_1^2}{T_2 T_3} + \frac{T_1}{T_2} \right) \times$$

$$\left(T_3 \frac{T_1 + T_2 + T_3}{T_1 T_2} + 1 \right)$$

$$= \frac{T_1^2}{T_2^2} + \frac{T_2^2}{T_1^2} + \frac{T_1^2}{T_3^2} + \frac{T_3^2}{T_1^2} + \frac{T_2^2}{T_3^2} + \frac{T_3^2}{T_2^2} + 10 + \frac{2T_1 T_2}{T_3^2} + \frac{2T_3^2}{T_1 T_2} + \frac{2T_2 T_3}{T_1^2} +$$

$$\frac{2T_1^2}{T_2 T_3} + \frac{2T_1 T_3}{T_2^2} + \frac{2T_2^2}{T_1 T_3} + \frac{6T_2}{T_1} + \frac{6T_1}{T_2} + \frac{6T_3}{T_1} + \frac{6T_1}{T_3} + \frac{6T_2}{T_3} + \frac{6T_3}{T_2}$$

由多项和平方展开公式计算可得

$$M_2^2 = \left(\sum_{i=1}^{3} \sum_{j=1}^{3} \frac{T_i}{T_j} - 1 \right)^2 = \left(\frac{T_1}{T_2} + \frac{T_2}{T_1} + \frac{T_1}{T_3} + \frac{T_3}{T_1} + \frac{T_2}{T_3} + \frac{T_3}{T_2} + 2 \right)^2 = M_1^2$$

易知 $M_1 > 0$、$M_2 > 0$，故 $M_1 = M_2$ 成立。证毕。

引理 2：对于正常数 T_1、T_2 和 T_3，有

$$\sum_{i=1}^{3} \arctan \left(T_i \sqrt{\frac{T_1 + T_2 + T_3}{T_1 T_2 T_3}} \right) = \pi \qquad (4.28)$$

成立。

证明：因为

$$\tan \left(\sum_{i=1}^{2} \arctan \left(T_i \sqrt{\frac{T_1 + T_2 + T_3}{T_1 T_2 T_3}} \right) \right) = \frac{(T_1 + T_2) \sqrt{\dfrac{T_1 + T_2 + T_3}{T_1 T_2 T_3}}}{1 - T_1 T_2 \dfrac{T_1 + T_2 + T_3}{T_1 T_2 T_3}}$$

$$= - T_3 \sqrt{\frac{T_1 + T_2 + T_3}{T_1 T_2 T_3}}$$

同时考虑到

$$0 < \arctan \left(T_i \sqrt{\frac{T_1 + T_2 + T_3}{T_1 T_2 T_3}} \right) < \frac{\pi}{2}, i = 1, 2, 3$$

所以

$$\sum_{i=1}^{3} \arctan \left(T_i \sqrt{\frac{T_1 + T_2 + T_3}{T_1 T_2 T_3}} \right) = \pi$$

成立。证毕。

在引理 1 和引理 2 的基础上，可以给出如下的定理。

定理4.4：对于式（4.26）给出的有自衡特性三容对象，若已知模型参数 T_1、T_2、T_3 和 K，则使得 $Y(s)$ 和 $B(s)$ 在单位阶跃参考输入 $R(s) = 1/s$ 作用下产生等幅振荡的比例控制器

$$C(s) = K_c = \frac{\sum\limits_{i=1}^{3} \sum\limits_{j=1}^{3} \dfrac{T_i}{T_j} - 1}{K} \tag{4.29}$$

等幅振荡的周期

$$T_c = 2\pi \sqrt{\frac{T_1 T_2 T_3}{T_1 + T_2 + T_3}} \tag{4.30}$$

证明：证法 1。

由引理 1 可知

$$K_c = \frac{\sum\limits_{i=1}^{3} \sum\limits_{j=1}^{3} \dfrac{T_i}{T_j} - 1}{K} = \frac{\prod\limits_{i=1}^{3} \sqrt{T_i^2 \dfrac{T_1 + T_2 + T_3}{T_1 T_2 T_3} + 1}}{K}$$

设比例控制器

$$C(s) = \alpha K_c = \alpha \frac{\prod\limits_{i=1}^{3} \sqrt{T_i^2 \dfrac{T_1 + T_2 + T_3}{T_1 T_2 T_3} + 1}}{K}$$

其中：$\alpha > 0$ 为正常数，则系统开环传递函数

$$G(s)C(s) = \frac{\alpha \prod\limits_{i=1}^{3} \sqrt{T_i^2 \dfrac{T_1 + T_2 + T_3}{T_1 T_2 T_3} + 1}}{(T_1 s + 1)(T_2 s + 1)(T_3 s + 1)}$$

令 $s = j\omega$，可得开环系统频率特性

$$G(j\omega)C(j\omega) = \frac{\alpha \prod\limits_{i=1}^{3} \sqrt{T_i^2 \dfrac{T_1 + T_2 + T_3}{T_1 T_2 T_3} + 1}}{(T_1 j\omega + 1)(T_2 j\omega + 1)(T_3 j\omega + 1)}$$

令

$$\omega_c = \sqrt{\frac{T_1 + T_2 + T_3}{T_1 T_2 T_3}}$$

将 ω_c 代入开环幅频特性的表达式，可得

$$
|G(j\omega_c)C(j\omega_c)| = \frac{\alpha \prod\limits_{i=1}^{3} \sqrt{T_i^2 \dfrac{T_1 + T_2 + T_3}{T_1 T_2 T_3} + 1}}{\sqrt{(T_1^2 \omega_c^2 + 1)(T_2^2 \omega_c^2 + 1)(T_3^2 \omega_c^2 + 1)}}
$$

$$
= \frac{\alpha \prod\limits_{i=1}^{3} \sqrt{T_i^2 \dfrac{T_1 + T_2 + T_3}{T_1 T_2 T_3} + 1}}{\prod\limits_{i=1}^{3} \sqrt{T_i^2 \dfrac{T_1 + T_2 + T_3}{T_1 T_2 T_3} + 1}} = \alpha
$$

将 ω_c 代入开环相频特性的表达式，结合引理 2 可知

$$
\angle G(j\omega_c)C(j\omega_c) = -\sum_{i=1}^{3} \arctan\left(T_i \sqrt{\frac{T_1 + T_2 + T_3}{T_1 T_2 T_3}}\right) = -\pi
$$

由上述计算结果可知，以 $C(s) = \alpha K_c$ 为比例控制器的开环系统的幅相特性曲线经过复平面上的 $(-\alpha, j0)$ 点，对应的频率为 ω_c。

根据奈奎斯特稳定判据容易知道，当 $\alpha > 1$ 时，开环幅相特性曲线顺时针包围 $(-1, j0)$ 点两次，闭环系统不稳定，并且有两个不稳定闭环极点；当 $0 < \alpha < 1$ 时，开环幅相特性曲线不包围 $(-1, j0)$ 点，闭环系统稳定；而 $\alpha = 1$，即比例控制器 $C(s) = K_c$ 时，闭环系统临界稳定，阶跃输入下闭环系统响应会出现等幅振荡，且振荡周期

$$
T_c = \frac{2\pi}{\omega_c} = 2\pi \sqrt{\frac{T_1 T_2 T_3}{T_1 + T_2 + T_3}}
$$

证毕。

证法 2。

在比例控制器 $C(s) = K_c$ 作用下闭环特征多项式

$$
D(s) = \prod_{i=1}^{3}(T_i s + 1) + K K_c
$$

$$
= T_1 T_2 T_3 s^3 + (T_1 T_2 + T_1 T_3 + T_2 T_3)s^2 + (T_1 + T_2 + T_3)s + 1 + K K_c
$$

$$
= T_1 T_2 T_3 s^3 + (T_1 T_2 + T_1 T_3 + T_2 T_3)s^2 + (T_1 + T_2 + T_3)s + \sum_{i=1}^{3}\sum_{j=1}^{3} \frac{T_i}{T_j}
$$

对闭环特征多项式列劳斯表，有

$$s^3 \quad T_1T_2T_3 \qquad\qquad T_1+T_2+T_3$$

$$s^2 \quad T_1T_2+T_1T_3+T_2T \quad \sum_{i=1}^3\sum_{j=1}^3\frac{T_i}{T_j}$$

$$s^1 \quad S_1$$

劳斯表 s^1 行中

$$S_1 = -T_1T_2T_3\sum_{i=1}^3\sum_{j=1}^3\frac{T_i}{T_j} + (T_1+T_2+T_3)(T_1T_2+T_1T_3+T_2T_3) = 0$$

即劳斯表出现了全零行，闭环系统必然存在位于实轴或虚轴上的、关于原点对称的极点。由劳斯表 s^2 行构造辅助方程

$$F(s) = (T_1T_2+T_1T_3+T_2T_3)s^2 + \sum_{i=1}^3\sum_{j=1}^3\frac{T_i}{T_j} = 0$$

则 $F'(s) = 2(T_1T_2+T_1T_3+T_2T_3)s$，继续劳斯表计算，有

$$s^1 \quad 2(T_1T_2+T_1T_3+T_2T_3)$$

$$s^0 \quad \sum_{i=1}^3\sum_{j=1}^3\frac{T_i}{T_j}$$

容易知道构造辅助方程之后劳斯表第一列元素均为正，故闭环系统没有实部大于零的极点，即关于原点对称的闭环极点是位于虚轴上的，而第三个闭环极点位于负实轴上。解辅助方程可得虚轴上的共轭虚数极点

$$s_{1,2} = \pm j\sqrt{\frac{T_1+T_2+T_3}{T_1T_2T_3}}$$

故在比例控制器 $C(s) = K_c$ 作用下闭环系统临界稳定，阶跃响应会出现等幅振荡，且振荡周期

$$T_c = \frac{2\pi}{|s_1|} = 2\pi\sqrt{\frac{T_1T_2T_3}{T_1+T_2+T_3}}$$

证毕。

证法 3。

由根轨迹分析可知，不管比例控制器的比例系数 K_p 如何变化，根轨迹三个分支之中有一个分支位始终位于负实轴上，即闭环系统总有一个稳定的闭环实极点；而另外两个分支在离开负实轴之后会随着比例系数 K_p 的增大，逐渐靠近并穿越虚轴。即随着比例系数 K_p 的增大，闭环系统会呈现出从稳定、临界稳定到不稳定的变化规律。

比例控制器 $C(s) = K_c$ 时，闭环特征多项式

$$D(s) = \prod_{i=1}^{3}(T_i s + 1) + KK_c$$

$$= T_1 T_2 T_3 s^3 + (T_1 T_2 + T_1 T_3 + T_2 T_3)s^2 + (T_1 + T_2 + T_3)s + 1 + KK_c$$

$$= T_1 T_2 T_3 \left(s^2 + \frac{T_1 + T_2 + T_3}{T_1 T_2 T_3} \right)\left(s + \frac{T_1 T_2 + T_1 T_3 + T_2 T_3}{T_1 T_2 T_3} \right)$$

令 $D(s) = 0$，可得闭环极点为

$$s_{1,2} = \pm \mathrm{j} \sqrt{\frac{T_1 + T_2 + T_3}{T_1 T_2 T_3}}$$

和

$$s_3 = -\frac{T_1 T_2 + T_1 T_3 + T_2 T_3}{T_1 T_2 T_3}$$

闭环系统的三个极点分别位于虚轴和负实轴上，故在比例控制器 $C(s) = K_c$ 作用下闭环系统临界稳定，闭环系统阶跃响应会出现等幅振荡，且振荡周期

$$T_c = \frac{2\pi}{|s_1|} = 2\pi \sqrt{\frac{T_1 T_2 T_3}{T_1 + T_2 + T_3}}$$

证毕。

定理 1 的三种证明方法将"自动控制原理"和"过程控制系统"两门课的知识点联系起来，分别从奈奎斯特稳定判据、劳斯稳定判据和根轨迹法的角度揭示了有自衡特性三容对象临界比例度法参数 K_c、T_c 的取值规律。

4.3.4　无自衡特性三容对象临界比例度法的理论分析

对于无自衡特性三容对象

$$G(s) = G_{\mathrm{m}}(s)G_{\mathrm{p}}(s)G_{\mathrm{v}}(s) = \frac{1}{T_1 s(T_2 s + 1)(T_3 s + 1)} \qquad (4.31)$$

其中：$T_1 > 0$、$T_2 > 0$、$T_3 > 0$ 为时间常数，其临界比例度法参数 K_{c} 和 T_{c} 的计算原理可以由定理 4.5 给出。与定理 4.4 的证明过程类似，可以从奈奎斯特稳定判据、劳斯稳定判据和根轨迹法三种角度出发进行证明。这里仅给出使用奈奎斯特稳定判据的证明方法。

定理 4.5：对于式（4.31）给出的无自衡特性三容对象，若已知模型参数 T_1、T_2 和 T_3，则使得 $Y(s)$ 和 $B(s)$ 在单位阶跃参考输入 $R(s) = 1/s$ 作用下产生等幅振荡的比例控制器

$$C(s) = K_{\mathrm{c}} = \frac{T_1(T_2 + T_3)}{T_2 T_3} \qquad (4.32)$$

等幅振荡的周期

$$T_{\mathrm{c}} = 2\pi \sqrt{T_2 T_3} \qquad (4.33)$$

证明：设比例控制器

$$C(s) = \beta K_{\mathrm{c}} = \frac{\beta T_1(T_2 + T_3)}{T_2 T_3}$$

其中：$\beta > 0$ 为正常数，则系统开环传递函数

$$G(s)C(s) = \frac{\beta(T_2 + T_3)}{T_2 T_3 s(T_2 s + 1)(T_3 s + 1)}$$

令 $s = \mathrm{j}\omega$，可得开环系统频率特性

$$G(\mathrm{j}\omega)C(\mathrm{j}\omega) = \frac{\beta(T_2 + T_3)}{T_2 T_3 \mathrm{j}\omega(T_2 \mathrm{j}\omega + 1)(T_3 \mathrm{j}\omega + 1)}$$

令

$$\omega_{\mathrm{c}} = \sqrt{\frac{1}{T_2 T_3}}$$

将 ω_c 代入开环幅频特性和相频特性的表达式，可得

$$|G(j\omega_c)C(j\omega_c)| = \frac{\beta(T_2 + T_3)}{T_2 T_3 \omega_c \sqrt{(T_2^2 \omega_c^2 + 1)(T_3^2 \omega_c^2 + 1)}}$$

$$= \frac{\beta(T_2 + T_3)}{T_2 T_3 \sqrt{\frac{1}{T_2 T_3}} \sqrt{\left(\frac{T_2}{T_3} + 1\right)\left(\frac{T_3}{T_2} + 1\right)}} = \beta$$

以及

$$\angle G(j\omega_c)C(j\omega_c) = -\frac{\pi}{2} - \arctan\left(\sqrt{\frac{T_2}{T_3}}\right) - \arctan\left(\sqrt{\frac{T_3}{T_2}}\right) = -\pi$$

由上述计算结果可知，以 $C(s) = \beta K_c$ 为比例控制器的开环系统的幅相特性曲线经过复平面上的 $(-\beta, j0)$ 点，对应的频率为 ω_c。

根据奈奎斯特稳定判据容易知道，当 $\beta > 1$ 时，闭环系统不稳定；当 $0 < \beta < 1$ 时，闭环系统稳定；而 $\beta = 1$，即比例控制器 $C(s) = K_c$ 时，闭环系统临界稳定，阶跃输入下闭环系统响应会出现等幅振荡，且振荡周期

$$T_c = \frac{2\pi}{\omega_c} = 2\pi \sqrt{T_2 T_3}$$

证毕。

由定理 4.4 和定理 4.5 可知：对于有自衡特性三容对象，临界比例系数 K_c 是模型参数 T_1、T_2、T_3 和 K 的显函数，等幅振荡周期 T_c 是 T_1、T_2、T_3 的显函数；对于无自衡特性三容对象，K_c 是模型参数 T_1、T_2 和 T_3 的显函数，T_c 是和 T_2 和 T_3 的显函数。

4.3.5 案例研究

这里使用两个算例验证定理 4.4 和定理 4.5 的正确性，两例中均假设 $G_v(s) = 1$、$G_m(s) = 1$。

例 4.7：有自衡特性三容对象

$$G_p(s) = \frac{3}{(2s + 1)(10s + 1)(15s + 1)}$$

试求临界比例度法参数的理论值并与仿真结果进行对比。

解：已知模型参数 $T_1 = 2s$、$T_2 = 10s$、$T_3 = 15s$、$K = 3$，故根据定理 4.4 计算可得 $K_c = 5.6667$，进而可以求出 $\omega_c = 0.3000\text{rad/s}$、$T_c = 20.9440s$。在比例控制器 $C(s) = 5.6667$ 作用下闭环系统的单位阶跃响应如图 4.8 所示。观察图 4.8 可知阶跃响应出现了等幅振荡，并且振荡周期为 20.9440s，与理论计算的结果一致，验证了定理 4.4 的正确性。

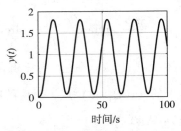

图 4.8 有自衡特性三容对象的闭环单位阶跃响应

例 4.8：无自衡特性三容对象

$$G_p(s) = \frac{2}{s(2s+1)(8s+1)} = \frac{1}{0.5s(2s+1)(8s+1)}$$

试求临界比例度法参数的理论值并与仿真结果进行对比。

解：已知模型参数 $T_1 = 0.5s$、$T_2 = 2s$、$T_3 = 8s$，由定理 4.5 计算可得 $K_c = 0.3125$，进而可以求出 $\omega_c = 0.2500\text{rad/s}$、$T_c = 25.1327s$。在比例控制器 $C(s) = 0.1286$ 作用下闭环系统的单位阶跃响应如图 4.9 所示。观察图 4.9 可知闭环系统的单位阶跃响应出现了等幅振荡，并且振荡周期为 25.1327s，与理论计算的结果一致，验证了定理 4.5 的正确性。

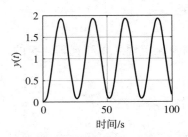

图 4.9 无自衡特性三容对象的闭环单位阶跃响应

4.4 单变量线性定常系统状态反馈输出跟踪控制律设计

4.4.1 引言

自从卡尔曼在现代控制理论中引入了状态变量和状态空间的概念，状态反馈就成为一类重要的控制律设计和实现思路。本科生"控制理论"课程中介绍的状态反馈方法是极点配置和线性二次型最优调节器。根据一般教材中介绍的极点配置和线性二次型最优调节器设计方法得到的状态反馈控制律，通常只能保证闭环系统的稳定性和暂态性能，不能保证输出信号跟踪阶跃输入信号。本节介绍两类能够得到满意稳态性能的设计方法。

4.4.2 输出跟踪控制律设计方法

考虑单变量（单输入单输出）线性定常系统

$$\dot{x}(t) = Ax(t) + bu(t)$$
$$y(t) = cx(t) + du(t) \tag{4.34}$$

其中：$x(t) \in R^{n \times 1}$ 为系统状态，$u(t) \in R^{1 \times 1}$ 为系统输入，$y(t) \in R^{1 \times 1}$ 为系统输出，$A \in R^{n \times n}$、$b \in R^{n \times 1}$、$c \in R^{1 \times n}$ 和 $d \in R^{1 \times 1}$ 分别为系统矩阵、输入矩阵、输出矩阵和直接传递矩阵，假设系统能控，输出跟踪控制问题是指设计控制律时的输出 $y(t)$ 能够跟踪期望的单位阶跃输入信号

$$r(t) = \begin{cases} 0 & t < 0 \\ R & t \geqslant 0 \end{cases}$$

其中 R 为阶跃变化的幅值，即

$$\lim_{t \to \infty} [r(t) - y(t)] = 0$$

成立。

《现代控制理论》教科书中介绍的状态反馈控制律通常表示为

$$u(t) = r(t) + kx(t) \tag{4.35}$$

的形式，$k \in R^{1 \times n}$ 为状态反馈增益。式（4.34）和式（4.35）确定的状态反馈系统的结构图如图 4.10 所示。

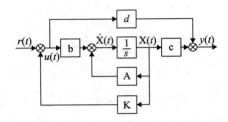

图 4.10　状态反馈控制律作用下的闭环系统结构

由式（4.34）和式（4.35）或图 4.10 均可知道闭环系统的状态空间表达式为：

$$\dot{x}(t) = (A + bk)x(t) + br(t)$$
$$y(t) = (c + dk)x(t) + dr(t) \tag{4.36}$$

正确使用极点配置或线性二次型最优调节器理论设计状态反馈控制律，能够使闭环系统式（4.36）稳定，根据拉氏变换的终值定理可知，阶跃输入下闭环系统输出 $y(t)$ 的稳态值

$$y_{ss} = \lim_{t \to \infty} y(t) = \lim_{s \to 0} sY(s)$$

$$= \lim_{s \to 0} s[(c + dk)(sI - A - bk)^{-1}b + d]\frac{R}{s}$$

$$= [d - (c + dk)(A + bk)^{-1}b]R = k_d R$$

其中标量

$$k_d = d - (c + dk)(A + bk)^{-1}b \tag{4.37}$$

为式（4.36）给出的闭环系统的直流增益。多数情况下 $k_d \neq 1$，这就导致闭环系统输出的稳态值 y_{ss} 一般不等于 R，无法实现跟踪阶跃输入的目的。

显然，为了实现对阶跃输入的跟踪，可以令

$$u(t) = \frac{1}{k_d}r(t) + kx(t) \tag{4.38}$$

我们将式（4.38）称为改进的状态反馈输出跟踪控制律，此时闭环系统的
状态空间表达式

$$\dot{x}(t) = (A + bk)x(t) + \frac{b}{k_d}r(t)$$

$$y(t) = (c + dk)x(t) + \frac{d}{k_d}r(t)$$

（4.39）

而图 4.10 也相应地变为图 4.11。

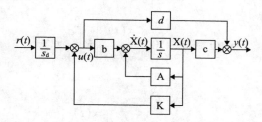

图 4.11　改进的状态反馈控制律作用下的闭环系统结构

由拉氏变换的初值定理可知，零初始条件下式（4.39）定义的闭环系
统在幅值为 R 的阶跃输入作用下响应的初值

$$y(0_+) = \lim_{t \to 0_+} y(t) = \lim_{s \to \infty} sY(s)$$

$$= \lim_{s \to \infty} s \left[(c + dk)(sI - A - bk)^{-1} \frac{b}{k_d} + \frac{d}{k_d} \right] \frac{R}{s} = \frac{d}{k_d}R$$

（4.40）

式（4.40）说明闭环系统输出的初值为阶跃输入信号的 d/k_d 倍。当然
读者也可以从状态空间表达式（4.39）的输出方程直接得到相同的结论。

在设计式（4.38）所示的改进的状态反馈输出跟踪控制律时，可以首
先针对式（4.34）表示的被控对象使用极点配置，或者线性二次型调节器
理论得到反馈控制器增益 k，然后根据式（4.37）得到 k_d。

下面介绍另一种状态反馈控制律设计方法，同样能够实现对阶跃输入
信号的跟踪。首先定义偏差信号

$$e(t) = r(t) - y(t)$$

的积分为一个新状态

$$x_a(t) = \int_0^t e(\tau)\mathrm{d}\tau = \int_0^t (r(\tau) - y(\tau))\mathrm{d}\tau$$

并将 $x_a(t)$ 合并到系统状态 $\mathrm{x}(t)$ 中，得到增广状态 $[\mathrm{x}^\mathrm{T}(t) \quad x_a(t)]^\mathrm{T}$，此时状态空间表达式变为

$$\begin{bmatrix} \dot{\mathrm{x}}(t) \\ \dot{x}_a(t) \end{bmatrix} = \begin{bmatrix} A & 0 \\ -c & 0 \end{bmatrix}\begin{bmatrix} \mathrm{x}(t) \\ x_a(t) \end{bmatrix} + \begin{bmatrix} b \\ -d \end{bmatrix}u(t) + \begin{bmatrix} 0 \\ 1 \end{bmatrix}r(t) \tag{4.41}$$

$$y(t) = \begin{bmatrix} c & 0 \end{bmatrix}\begin{bmatrix} \mathrm{x}(t) \\ x_a(t) \end{bmatrix} + \begin{bmatrix} d \\ 0 \end{bmatrix}r(t)$$

若存在状态反馈

$$u(t) = \begin{bmatrix} k & k_a \end{bmatrix}\begin{bmatrix} \mathrm{x}(t) \\ x_a(t) \end{bmatrix} \tag{4.42}$$

能够镇定式（4.41）定义的增广系统，则闭环系统

$$\begin{bmatrix} \dot{\mathrm{x}}(t) \\ \dot{x}_a(t) \end{bmatrix} = \begin{bmatrix} A + bk & bk_a \\ -c - dk & -dk_a \end{bmatrix}\begin{bmatrix} \mathrm{x}(t) \\ x_a(t) \end{bmatrix} + \begin{bmatrix} 0 \\ 1 \end{bmatrix}r(t) \tag{4.43}$$

$$y(t) = \begin{bmatrix} c + dk & dk_a \end{bmatrix}\begin{bmatrix} \mathrm{x}(t) \\ x_a(t) \end{bmatrix}$$

到达稳态时

$$\lim_{t\to\infty}\dot{x}_a(t) = \lim_{t\to\infty}[r(t) - (c + dk)x(t) - dk_a x_a(t)] = \lim_{t\to\infty}[r(t) - y(t)] = 0$$

说明充分长时间以后 $y(t)$ 能够跟踪阶跃输入 $r(t)$。

由拉氏变换的初值定理可知，零初始条件下式（4.43）定义的闭环系统在幅值为 R 的阶跃输入作用下响应的初值

$$y(0_+) = \lim_{t\to 0_+}y(t) = \lim_{s\to\infty}sY(s)$$

$$= \lim_{s\to\infty}s\begin{bmatrix} c + dk & dk_a \end{bmatrix}\left(sI - \begin{bmatrix} A + bk & bk_a \\ -c - dk & -dk_a \end{bmatrix}\right)^{-1}\begin{bmatrix} 0 \\ 1 \end{bmatrix}\frac{R}{s} = 0 \tag{4.44}$$

式（4.44）说明零初始条件下闭环系统输出的初值为0。

在设计式（4.42）所示的状态反馈输出跟踪控制律时，需要首先将系统表示为式（4.41）的形式，然后可以使用极点配置，或者线性二次型调节器理论得到反馈增益 k 和 k_a。增广状态反馈输出跟踪控制律作用下闭环系统结构如图4.12所示。

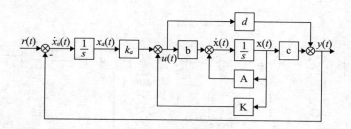

图4.12　增广状态反馈控制律作用下的闭环系统结构

4.4.3　案例研究

例4.9：系统

$$\dot{x}(t) = \begin{bmatrix} -9 & 0.25 & 6.5625 \\ 4 & 0 & 0 \\ 0 & 4 & 0 \end{bmatrix} x(t) + \begin{bmatrix} 1 \\ 0 \\ 0 \end{bmatrix} u(t) \tag{4.45}$$

$$y = \begin{bmatrix} 0 & 0 & 0.625 \end{bmatrix} x(t) + 0.02u(t)$$

的开环极点位于3、-5 和 -7，开环系统不稳定。要求使用极点配置方法设计状态反馈控制律，使得闭环极点位于 -1、-2 和 -3，并且闭环系统输出能够跟踪阶跃输入信号，求系统响应的初值。

解：容易检验该系统是能控的，故可以使用极点配置方法设计状态反馈控制律将闭环极点配置到期望的位置（-1、-2 和 -3）上。使用 Matlab 提供的 place 函数可以计算出状态反馈增益

$$k = \begin{bmatrix} 3 & -3 & -6.9375 \end{bmatrix}$$

进而由式（4.37）得到

$$k_d = 1.3167$$

根据对象模型式（4.45）和改进的状态反馈控制律式（3.38）搭建 Simulink 仿真模型，如图 4.13 所示。设阶跃输入的幅值 $R = 10$，仿真时间为 8s，系统输出响应为图 4.14 中的实线，两条高度分别为 9.5 和 10.5 的水平虚线用于帮助确定调节时间。

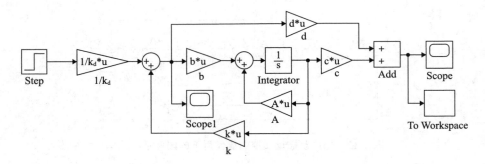

图 4.13 改进的状态反馈控制律作用下的闭环系统 Simulink 仿真模型

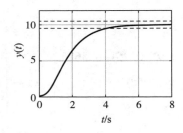

图 4.14 改进的状态反馈控制律作用下的闭环系统阶跃响应曲线

观察图 4.14 可知，闭环系统稳定，调节时间为 4.10s；闭环系统响应的稳态值 y_{ss} 为 10，达到了跟踪幅值 $R = 10$ 的阶跃输入的目的；闭环系统响应的初值 $y(0_+)$ 为 0.1519，这与根据式（4.40）得到的理论值

$$y(0_+) = \frac{d}{k_d}R = \frac{0.02}{1.3167} \times 10 = 0.1519$$

是一致的，验证了初值分析的正确性。

例 4.10：按照状态增广的方式重新研究例 4.9。

解：对式（4.45）定义的被控对象进行状态增广，有

$$\begin{bmatrix} \dot{x}(t) \\ \dot{x}_a(t) \end{bmatrix} = \begin{bmatrix} -9 & 0.25 & 6.5625 & 0 \\ 4 & 0 & 0 & 0 \\ 0 & 4 & 0 & 0 \\ 0 & 0 & -0.625 & 0 \end{bmatrix} \begin{bmatrix} x(t) \\ x_a(t) \end{bmatrix} + \begin{bmatrix} 1 \\ 0 \\ 0 \\ -0.02 \end{bmatrix} u(t) + \begin{bmatrix} 0 \\ 0 \\ 0 \\ 1 \end{bmatrix} r(t)$$

$$y(t) = \begin{bmatrix} 0 & 0 & 0.625 & 0 \end{bmatrix} \begin{bmatrix} x(t) \\ x_a(t) \end{bmatrix} + \begin{bmatrix} 0.02 \\ 0 \end{bmatrix} r(t)$$

容易验证增广后的系统是能控的，这里使用线性二次型最优调节器理论设计状态反馈控制律。取

$$Q = \begin{bmatrix} 1 & 0 & 0 & 0 \\ 0 & 1 & 0 & 0 \\ 0 & 0 & 1 & 0 \\ 0 & 0 & 0 & 30 \end{bmatrix}, R = 0.1$$

使用 Matlab 提供的线性二次型最优调节器函数 lqr 可以得到反馈增益

$k = \begin{bmatrix} -7.2143 & -22.1128 & -18.6900 \end{bmatrix}$, $k_a = 17.3205$。

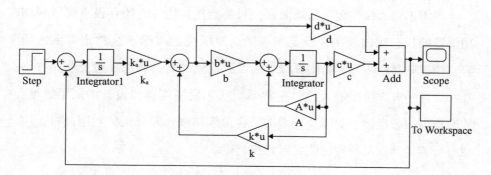

图 4.15　增广状态反馈控制律作用下的闭环系统 Simulink 仿真框图

按照图 4.15 搭建的 Simulink 仿真框图，设阶跃输入的幅值 $R = 10$，仿真时间为 8s，系统输出响应为图 4.16 中的实线。

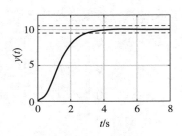

图 4.16　增广状态反馈控制律作用下的闭环系统阶跃响应曲线

观察图 4.16 可知，闭环系统稳定，调节时间为 3.03s；闭环系统响应的稳态值 y_{ss} 为 10，达到了跟踪幅值 $R = 10$ 的阶跃输入的目的；闭环系统响应的初值 $y (0_+)$ 为 0，这与根据式 (4.44) 得到的理论值一致，验证了初值分析的正确性。

4.5　多输入线性定常系统极点配置控制律设计

4.5.1　引言

对于单输入线性定常系统而言，只要能控，能够将闭环极点配置到期望位置的状态反馈控制律就是唯一的。对能控的多输入线性定常系统而言，情况则有所不同，将闭环极点配置到期望位置的状态反馈控制律并不唯一。这一方面给多输入线性定常系统状态反馈控制律设计增加了难度，同时也为状态反馈控制律设计增加了自由度。设计人员充分利用该自由度就有可能得到满足特殊性能要求的控制律。

4.5.2　最小范数极点配置控制律设计方法

对于能控的线性定常系统

$$\dot{x} (t) = Ax (t) + Bu (t) \qquad (4.46)$$

其中：$x (t) \in R^{n \times 1}$ 是系统状态，$u (t) \in R^{m \times 1}$ 是系统输入，$A \in R^{n \times n}$ 和 B

$\in R^{n \times m}$ 分别是系统矩阵和输入矩阵。当 $m = 1$ 时式（4.46）表示单输入系统，$m > 1$ 时式（4.46）则称为多输入系统。极点配置状态反馈控制律设计问题是指找到状态反馈控制律

$$u = Kx$$

其中：$K \in R^{m \times n}$ 是状态反馈增益矩阵，使得闭环极点位于期望的位置 λ_i，$i = 1, 2, \cdots, n$。

假设矩阵 $H \in R^{n \times n}$ 的特征值为 λ_i，$i = 1, 2, \cdots, n$，那么容易知道满足设计要求的状态反馈增益矩阵 K 可以使得矩阵 $A + BK$ 和 H 相似，即

$$A + BK = THT^{-1} \tag{4.47}$$

成立，其中 $T \in R^{n \times n}$ 是可逆的变换矩阵。令 $P = KT$，式（4.47）转化为

$$AT - TH = -BP \tag{4.48}$$

式（4.48）被称为希尔维斯特方程或李雅普诺夫方程[9]。给定参数矩阵 P，求解式（4.48）得到希尔维斯特方程的解 T 之后，状态反馈增益可以由

$$K = PT^{-1} \tag{4.49}$$

得到。

对多输入系统而言，满足极点配置要求的状态反馈控制律不唯一，为此可以考虑引入目标函数得到某种性能最优的控制律。本节研究最小范数控制律设计问题，目的是找到满足极点配置要求的具有最小 Frobenius 范数的状态反馈增益矩阵 K，该控制律设计问题可以表示为求解式（4.50）定义的优化问题。

$$\min J(P) = \| K \|_{Fro} = \| PT^{-1} \|_{Fro}$$
$$\text{s. t. } AT - TH = -BP \tag{4.50}$$

其中：下标"Fro"表示 Frobenius 范数。

这里使用差分进化算法[40]求解该优化问题。与遗传算法类似，差分进化也是一类基于种群的进化算法，差分进化算法对种群中的个体进行变

异、交叉和选择操作逐渐逼近优化问题的最优解。

设优化问题有 l 个决策变量，差分进化算法的种群大小为 N，第 g 代种群的第 i（$i = 1, 2, \cdots, N$）个个体用 l 维行向量 $X_i^g = [x_{i,1}^g, x_{i,2}^g, \cdots, x_{i,l}^g]$ 表示，即第 g 代种群可以表示为

$$\begin{bmatrix} X_1^g \\ X_2^g \\ \vdots \\ X_N^g \end{bmatrix} = \begin{bmatrix} x_{1,1}^g & x_{1,2}^g & \cdots & x_{1,l}^g \\ x_{2,1}^g & x_{2,2}^g & \cdots & x_{2,l}^g \\ \vdots & \vdots & \ddots & \vdots \\ x_{N,1}^g & x_{N,2}^g & \cdots & x_{N,l}^g \end{bmatrix}$$

将与第 i 个个体对应的变异向量记为 $V_i = [v_{i,1}, v_{i,2}\cdots, v_{i,l}]$。进行变异操作时，任取不大于 N 的三个不同的且均不等于 i 的随机正整数 r_1、r_2、和 r_3，根据

$$V_i = X_{r_1}^{g-1} + F(X_{r_2}^{g-1} - X_{r_3}^{g-1}), i = 1, 2, \cdots, N \qquad (4.51)$$

其中：常数 F 为比例因子，得到变异向量 V_i。若 V_i 的某个分量超出了其允许的取值范围，则可以用允许取值范围内的一个随机数代替该分量。

将与第 i 个个体对应的试验向量记为 $W_i = [w_{i,1}, w_{i,2}\cdots, w_{i,l}]$。在进行交叉操作时，令 W_i 的第 j（$j = 1, 2, \cdots, l$）个分量

$$w_{i,j} = \begin{cases} v_{i,j} & (r_4 < CR) \, \text{or} \, (j = r_5) \\ x_{i,j}^{g-1} & \text{otherwise} \end{cases} \qquad (4.52)$$

其中：r_4 是 $[0, 1]$ 区间内符合均匀分布的随机数，r_5 是不大于 l 的随机正整数，CR 是交叉概率，得到试验向量 W_i。

选择操作使用了贪婪策略，比较 W_i 和 X_i^{g-1} 对应的目标函数值，选取 W_i 和 X_i^{g-1} 中较优的一个作为下一代的个体 X_i^g。

差分进化算法的流程如图 4.17 所示。使用差分进化算法设计具有最小 Frobenius 范数的状态反馈控制律的步骤如下：

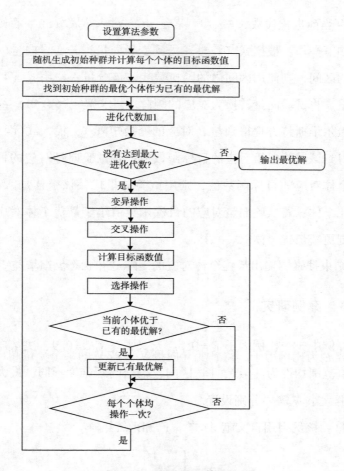

图 4.17　差分进化算法流程

（1）设定算法参数，包括种群大小 N，最大进化代数 G，比例因子 F，交叉概率 CR，决策变量各个分量的上下界，特征值等于期望闭环极点位置的矩阵 H。令当前进化代数 $g=0$。

（2）随机生成初始种群。对每个个体重复如下操作：将该个体转换为对应的矩阵 P，求解式（4.50）约束条件中定义的希尔维斯特方程得到与矩阵 P 对应的变换矩阵 T，代入式（4.50）的目标函数得到该个体对应的目标函数值。

（3）找到具有最小目标函数值的个体，将其标记为最优个体。

（4）令当前进化代数 $g = g + 1$。若 $g > G$，进入步骤（5）。否则对每个个体重复如下操作：根据式（4.51）得到变异向量，若变异向量的某分量超出允许的区间，则使用区间内的随机数代替该分量；使用式（4.52）得到试验向量。将试验向量转换为对应的矩阵 P，求解式（4.50）约束条件中定义的希尔维斯特方程得到与 P 对应的变换矩阵 T，代入式（4.50）的目标函数得到该试验向量对应的目标函数值；若试验向量对应的目标函数值小于该个体对应的目标函数值，则用试验向量代替该个体加入种群中，否则保留原个体；若试验向量对应的目标函数值小于最优个体对应的目标函数值，则更新最优个体。

（5）结束搜索，输出最优个体对应的矩阵 P 和状态反馈增益矩阵 K。

4.5.3　案例研究

以下算例中，令比例因子 $F = 0.5$，交叉概率 $CR = 0.9$，决策向量每个分量的取值范围均设为 [−1，1] 区间，根据问题难度不同，最大进化代数 G 和种群大小 N 需要分别设置。

例 4.11：该例引用自文献 [41]，已知系统矩阵

$$A = \begin{bmatrix} 1 & 1 \\ 0 & 2 \end{bmatrix}$$

输入矩阵

$$B = \begin{bmatrix} 1 & 1 \\ 1 & -1 \end{bmatrix}$$

期望闭环极点为 −1 和 −2，试求具有最小 Frobenius 范数的状态反馈增益 K。

解：根据期望极点位置可以令矩阵

$$H = \begin{bmatrix} -1 & 0 \\ 0 & -2 \end{bmatrix}$$

设置最大进化代数 $G = 100$，种群大小 $N = 10$，使用差分进化算法得到的状

态反馈增益

$$K = \begin{bmatrix} -1.5 & -1.5 \\ -1.5 & 1.5 \end{bmatrix} \qquad (4.53)$$

并且 $\|K\|_{Fro} = 3$。式（4.53）与文献［41］算法得到的状态反馈增益相同。

例 4.12：该例同样引用自文献［41］，已知系统矩阵

$$A = \begin{bmatrix} 1 & 0.5 & 0 & 0 & 0.5 & 2 \\ 0 & 1 & 0 & 3 & 4 & 0 \\ 0.2 & 0.25 & 0 & 3 & 8 & 1 \\ 1 & 2 & 3 & 7 & 4 & 0 \\ 5 & -3 & 1 & 2 & 7 & 0 \\ 0 & 0 & 0 & 1 & 4 & 0 \end{bmatrix}$$

输入矩阵

$$B = \begin{bmatrix} 1 & -1 & 0 \\ 0 & 2 & 0 \\ 2 & 1 & 2 \\ 0 & 0 & 1 \\ 2 & 5 & 0 \\ 1 & -1 & -0.5 \end{bmatrix}$$

期望闭环极点为 $-3 \pm j4$、$-10 \pm j10$ 和 $-12 \pm j10$，试求具有最小 Frobenius 范数的状态反馈增益 K。

解：根据期望极点位置可以令矩阵

$$H = \begin{bmatrix} -3 & 4 & 0 & 0 & 0 & 0 \\ -4 & -3 & 0 & 0 & 0 & 0 \\ 0 & 0 & -10 & 10 & 0 & 0 \\ 0 & 0 & -10 & -10 & 0 & 0 \\ 0 & 0 & 0 & 0 & -12 & 10 \\ 0 & 0 & 0 & 0 & -10 & -12 \end{bmatrix}$$

设置最大进化代数 $G = 5000$，种群大小 $N = 100$，使用差分进化算法得到的状态反馈增益

$$K = \begin{bmatrix} -8.9949 & -3.7342 & 0.78632 & -7.1143 & -2.2256 & -1.8159 \\ 3.9820 & -10.169 & -2.5948 & -2.3254 & -2.0578 & 4.2726 \\ 2.7803 & 2.9003 & -0.51453 & -7.7496 & 7.1044 & 4.1119 \end{bmatrix}$$

并且 $\|K\|_{Fro} = 21.262.$。文献［41］使用梯度法得到的状态反馈增益

$$K = \begin{bmatrix} -9.241 & 4.529 & 1.295 & -5.471 & -1.071 & -4.867 \\ -4.577 & -10.13 & -0.4356 & -3.476 & -5.016 & 0.5619 \\ 1.725 & -0.7464 & 0.2840 & -8.594 & 6.291 & 5.093 \end{bmatrix}$$

该状态反馈增益的 Frobenius 范数 $\|K\|_{Fro} = 21.6$。对比可知，对该例而言文献［41］使用的梯度法只是收敛到了局部极小点。

例 4.13：该例引用自文献［42］，已知系统矩阵

$$A = \begin{bmatrix} 0.5 & 1 \\ -1 & -2 \end{bmatrix}$$

输入矩阵

$$B = \begin{bmatrix} 3 & 2.5 \\ 1.5 & -1 \end{bmatrix}$$

期望闭环极点为 $-1 \pm j1.5$，试求具有最小 Frobenius 范数的状态反馈增益 K。

解：根据期望极点位置可以令矩阵

$$H = \begin{bmatrix} -1 & 1.5 \\ -1.5 & -1 \end{bmatrix}$$

设置最大进化代数 $G = 100$，种群大小 $N = 10$，使用差分进化算法得到的状态反馈增益

$$K = \begin{bmatrix} -0.8829 & -0.2104 \\ -0.2538 & 0.9013 \end{bmatrix} \tag{4.54}$$

并且 $\| K \|_{Fro} = 1.3041$。式（4.54）与文献［42］算法得到的状态反馈增益相同。

例 4.14：该例引用自文献［43］，已知系统矩阵

$$A = \begin{bmatrix} 1.38 & -0.2077 & 6.715 & -5.676 \\ -0.5814 & -4.29 & 0 & 0.675 \\ 1.067 & 4.273 & -6.654 & 5.893 \\ 0.048 & 4.2731 & 1.343 & -2.104 \end{bmatrix}$$

输入矩阵

$$B = \begin{bmatrix} 0 & 0 \\ 5.679 & 0 \\ 1.136 & -3.146 \\ 1.136 & 0 \end{bmatrix}$$

期望闭环极点为 -0.2、-0.5、-8.6659 和 -5.0566，试求具有最小 Frobenius 范数的状态反馈增益 K。

解：根据期望极点位置可以令矩阵

$$H = \begin{bmatrix} -0.2 & 0 & 0 & 0 \\ 0 & -0.5 & 0 & 0 \\ 0 & 0 & -8.6659 & 0 \\ 0 & 0 & 0 & -5.0566 \end{bmatrix}$$

设置最大进化代数 $G = 1000$，种群大小 $N = 20$，使用差分进化算法得到的状态反馈增益

$$K = \begin{bmatrix} -0.3628 & -0.3247 & -0.1388 & -0.2048 \\ 0.3746 & -0.2109 & 0.1653 & -0.2150 \end{bmatrix}$$

并且 $\| K \|_{Fro} = 0.7461$。文献［43］得到的状态反馈增益

$$K = \begin{bmatrix} 0.1542 & -0.6611 & 0.034 & 0.0954 \\ 0.9048 & 0.1841 & -0.271 & 0.5681 \end{bmatrix}$$

该状态反馈增益的 Frobenius 范数 $\| K \|_{Fro} = 1.3114$。与文献［43］中报道的结果相比，使用差分进化算法得到的状态反馈增益具有更小的 Frobenius 范数。

上述四个算例显示出在合理设置进化代数、种群大小等参数的情况下，差分进化算法得到的状态反馈增益的 Frobenius 范数均小于或等于文献中报道的结果，说明使用差分进化算法设计最小范数极点配置控制律是有竞争力的。

4.6 最优控制律的直接法求解

4.6.1 引言

最优控制是"现代控制理论"课程的重要组成部分。与建立在矩阵论基础上的线性系统理论相比，最优控制涉及变分法、极大值原理和动态规划等复杂的理论，本科生通常难以掌握。自动化专业本科生在学习最优控制之前通常已经学习过"工程最优化"等与最优化技术相关的课程。如果将最优控制转化为函数优化问题，从最优化的角度求解最优控制问题，是一种相对简单的思路。并且最优控制的数值解法一直是学术研究的热点方向，产生了大量的研究成果，具体可见文献［44，45］及其参考文献。本节以连续时间系统最优控制问题为例，介绍一种数值解法。

4.6.2 最优控制问题简介

对于连续时间动态系统

$$\dot{x}(t) = f[x(t), u(t), t]$$

其中：$x(t) \in R^{n \times 1}$ 是系统状态，$u(t) \in R^{m \times 1}$ 是系统输入，$f \in R^{n \times 1}$ 为非线性映射，最优控制问题的定义为在由 $s \leqslant m$ 个约束构成的容许的控制集

$$U = \{u(t) \mid \varphi_j[x(t), u(t)] \leqslant 0, j = 1, 2, \cdots, s\}$$

中找到能够极小化目标函数

$$\min J(u(t)) = \Phi[x(t_f)] + \int_{t_0}^{t_f} L[x(t),u(t),t]dt \qquad (4.55)$$

并且满足状态初端约束

$$\Theta[x(t_0)] = 0$$

和终端约束

$$\Lambda[x(t_f)] = 0$$

的系统输入 u（t），其中 t_0 和 t_f 分别是初始时刻和终端时刻，$\Phi(\cdot)$ 和 $L(\cdot)$ 为连续可微标量函数，$\Phi(\cdot)$ 反映了对终端时刻状态的性能要求，$L(\cdot)$ 的积分反映了对动态过程的性能要求，$\Theta(\cdot)$ 和 $\Lambda(\cdot)$ 为向量函数，分别反映了 t_0 和 t_f 时刻系统状态需要满足的约束条件。综上所述最优控制问题可以表示为如下形式的动态系统约束优化问题[8]

$$\min J(u(t)) = \Phi[x(t_f)] + \int_{t_0}^{t_f} L[x(t),u(t),t]dt$$

$$\text{s. t. } \dot{x}(t) = f[x(t),u(t),t]$$

$$\Theta[x(t_0)] = 0 \qquad (4.56)$$

$$\Lambda[x(t_f)] = 0$$

$$U = \{u(t) \mid \varphi_j[x(t),u(t)] \leq 0, j = 1,2,\cdots,s\}$$

式（4.56）称为综合型或鲍尔扎型目标函数。若 $\Phi(\cdot) = 0$，即不考虑终端时刻状态的性能要求，式（4.56）称为积分型或拉格朗日型目标函数。若 $L(\cdot) = 0$，即不考虑对动态过程的性能要求，式（4.56）称为终端型或梅耶型目标函数。在实际的最优控制问题中，可能没有具体的终端时刻要求，或者系统终端时刻的状态约束。

4.6.3 最优控制律的差分进化求解

为了求解最优控制问题，将时间区间 $[t_0, t_f]$ 分为 r 等份，令时间

间隔

$$\Delta t = \frac{t_f - t_0}{r} \tag{4.57}$$

在 $i\Delta t$ ($i = 0, 2, \cdots, r$) 时刻的控制量 $u_i = u(i\Delta t)$，则可以用贝塞尔曲线的方式将控制量表示为[46]

$$u(t) = \sum_{i=0}^{r} u(i\Delta t) \frac{r!(t-t_0)^i (t_f-t)^{r-i}}{i!(r-i)!(t_f-t)^r}$$

若 $u(i\Delta t)$ 已知，可以使用龙格 – 库塔法求解微分方程，得到系统状态。得到系统状态以后就可以对式（4.56）中的目标函数和除微分方程之外的其他约束条件进行评价，进而可以使用智能优化算法得到最优控制律。这里使用差分进化算法求解式（4.56）对应的最优控制问题。差分进化算法已经在前文使用过，这里不再赘述。需要指出的是使用龙格 – 库塔法求解微分方程时，时间步长并不是式（4.57）中的 Δt，而是需要另外指定。

4.6.4　案例研究

本小节以来源于文献［46］的 3 个算例验证差分进化算法设计最优控制律的效果。

例 4.15：求解最优控制问题

$$\min J(u) = \int_0^1 \left[3x^2(t) + u^2(t) \right] \mathrm{d}t$$

$$\text{s. t.} \begin{cases} \dot{x}(t) = x(t) + u(t) \\ x(0) = 1 \end{cases}$$

解：该例的目标函数是拉格朗日型的，终端时刻 $t_f = 1\mathrm{s}$，只存在初端约束，不存在终端约束和对控制量的约束。理论分析表明该最优控制问题存在解析解

$$\begin{cases} u(t) & = \dfrac{3\mathrm{e}^{-4}}{3\mathrm{e}^{-4}+1}\mathrm{e}^{2t} - \dfrac{3}{3\mathrm{e}^{-4}+1}\mathrm{e}^{-2t} \\[3mm] x(t) & = \dfrac{3\mathrm{e}^{-4}}{3\mathrm{e}^{-4}+1}\mathrm{e}^{2t} + \dfrac{1}{3\mathrm{e}^{-4}+1}\mathrm{e}^{-2t} \end{cases}$$

差分进化算法参数设置如下：种群大小 $N = 20$，最大进化代数 $G = 50$，交叉概率 $CR = 0.9$，缩放因子 $F = 0.5$。贝塞尔曲线参数 $r = 3$。使用 Matlab 提供的龙格 – 库塔法函数 ode45 按照 $0.001\mathrm{s}$ 的固定步长求解微分方程，使用梯形积分近似计算目标函数。差分进化算法得到的贝塞尔曲线系数见表 4.5，表 4.5 中同时给出了文献 [46] 使用野草算法得到的计算结果。

表 4.5　例 4.15 的贝塞尔曲线系数

算法	参数值			
	u_0	u_1	u_2	u_3
差分进化	− 2.7814	− 0.9257	− 0.5537	0.0074
野草	− 2.7674	− 0.9747	− 0.5068	− 0.0102

将解析解与差分进化算法得到的解绘制到图 4.18 中，由图 4.18 可知差分进化算法得到的最优控制律与理论值基本吻合，状态变化趋势也基本吻合。将解析解与差分进化算法得到的解作差，绘制到到图 4.19 中，图 4.19 中同时绘制了解析解与文献 [46] 中报道的解的差。观察图 4.19 可知差分进化算法得到了更高精度的解。

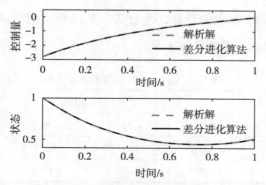

图 4.18　例 4.15 的解析解与差分进化算法得到的解

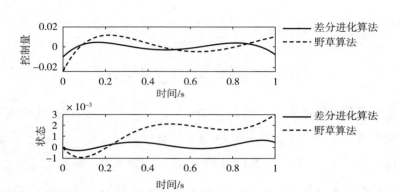

图 4.19　例 4.15 的解析解与差分进化及野草算法得到的解之差

例 4.16：求解最优控制问题

$$\min J(u) \ = \ \frac{1}{2} \int_0^1 u^2(t)\,\mathrm{d}t \ + \ x^2(1)$$

$$\mathrm{s.\,t.} \quad \begin{cases} \dot{x}(t) \ = \ x(t) \ + \ u(t) \\ x(0) \ = \ 1 \end{cases}$$

解：该例的目标函数是鲍尔扎型的，终端时刻 $t_f = 1\mathrm{s}$，只存在初端约束，不存在终端约束和对控制量的约束。理论分析表明该最优控制问题存在解析解

$$\begin{cases} u(t) \ = \ -2\mathrm{e}^{-t} \\ x(t) \ = \ \mathrm{e}^{-t} \end{cases}$$

使用与例 4.15 相同的设置，差分进化算法和文献［46］使用野草算法得到的贝塞尔曲线系数见表 4.6。

表 4.6　例 4.16 的贝塞尔曲线系数

算法	参数值			
	u_0	u_1	u_2	u_3
差分进化	-1.9992	-1.3379	-0.9848	-0.7351
野草	-1.9995	-1.3378	-0.9498	-0.7351

将解析解与差分进化算法得到的解绘制到图 4. 20 中，由图 4. 20 可知差分进化算法得到的最优控制律与理论值基本吻合，状态变化趋势也基本吻合。将解析解与差分进化及野草算法得到的解之差，绘制到到图 4. 21 中，由图 4. 21 可知差分进化算法得到了更高精度的解。

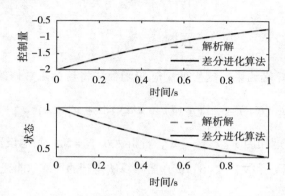

图 4. 20　例 4. 16 的解析解与差分进化算法得到的解

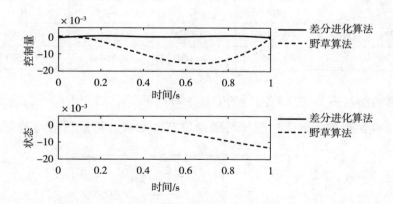

图 4. 21　例 4. 16 的解析解与差分进化及野草算法得到的解之差

例 4. 17：求解最优控制问题

$$\min J(u) = \int_0^4 (u^2(t) + x(t)) \, \mathrm{d}t$$

$$\text{s. t.} \begin{cases} \dot{x}(t) = u(t) \\ x(0) = 1, x(4) = 1 \end{cases}$$

解：该例的目标函数是拉格朗日型的，终端时刻 $t_f = 4\mathrm{s}$，同时存在初端约束和终端约束，不存在对控制量的约束。理论分析表明该最优控制问题存在解析解

$$\begin{cases} u(t) = \dfrac{2t - 3}{4} \\ x(t) = \dfrac{t^2 - 3t}{4} \end{cases}$$

由于存在终端约束，这里使用惩罚函数法将目标函数修改为

$$\min J(u) = \int_0^4 (u^2(t) + x(t))\mathrm{d}t + \rho |x(4) - 1|$$

其中：$\rho > 0$ 为惩罚因子。令 $\rho = 10$，种群大小 $N = 50$，其他设置与例 4.15 相同，差分进化算法和文献 [46] 使用野草算法得到的贝塞尔曲线系数见表 4.7。

表 4.7　例 4.17 的贝塞尔曲线系数

算法	参数值			
	u_0	u_1	u_2	u_3
差分进化	− 0.7499	− 0.0839	0.5840	1.2499
野草	− 0.7352	− 0.1041	0.5844	1.2501

解析解与差分进化算法得到的解的对比见图 4.22，由图 4.22 可知差分进化算法得到的最优控制律与理论值基本吻合，将解析解与差分进化

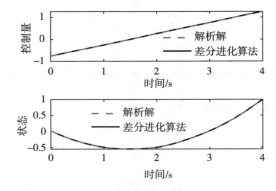

图 4.22　例 4.17 的解析解与差分进化得到的解

及野草算法得到的解之差，绘制到图 4.23 中，由图 4.23 可知差分进化算法得到了更高精度的解。

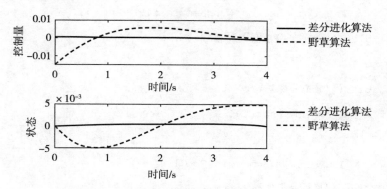

图 4.23　例 4.17 的解析解与差分进化及野草算法得到的解之差

4.7　部分案例的 Matlab 程序

4.7.1　例 4.1 源程序

```
% 例 4.1 主程序 ex4_1.m 开始
close all
clear
clc
s = tf('s');
G = (s + 6)^2 /s /(s + 1)^2 /(s + 36);
%  C_ref = tf([1.6848 1],[0.7665 1]);
C_ref = tf([20.3687 1],[35.43 1]);        % 文献[30]求得的校正装置
[ ~ ,Pm_ref, ~ , ~ ] = margin(C_ref * G);
disp(['使用文献校正装置的相角裕度 gamma = ',...
        num2str(Pm_ref)])
gamma = 45;
```

```
for ii = 0:1
    [C,b,T,omega_c] = ...
        lag_compensator(G,(gamma + ii)/180 * pi);
    disp('超前校正装置传递函数')
    C
    disp(['其中分度系数 b = ',num2str(b),...
',时间常数 T = ',num2str(T),...
',bT = ',num2str(b * T)])
    [Gm,Pm,Wgm,Wpm] = margin(C * G);
    disp(['期望的相角裕度 gamma = ',...
        num2str(gamma + ii),...
',校正后实际的相角裕度 gamma = ',...
        num2str(Pm)])
end
% 例 4.1 主程序 ex4_1.m 结束
% 例 4.1 子程序 lag_compensator.m 开始
function [C,b,T,omega_c] = ...
    lag_compensator(P,gamma,m)
if nargin < 3
    m = 10;
end
[~,~,~,d] = margin(P);
x0 = [1,d];
[x,fx] = fsolve(@ (x)lag_equ(x,P,gamma,m),x0);
b = 1/(1 + x(1)^2);
omega_c = x(2);
T = m/omega_c/b;
C = tf([b * T 1],[T 1]);
```

% 例 4.1 子程序 lag_compensator.m 结束

% 例 4.1 子程序 lag_equ.m 开始

```
function F = lag_equ(x,P,gamma,m)

beta = x(1);

omega_c = x(2);

[mag,phase] = bode(P,omega_c);

F(1) = (1 + m^2) * mag^2 - 1 - m^2 * (1 + beta^2)^2;

F(2) = pi + phase * pi/180 - atan(m * beta^2/...

    (1 + m^2 * (1 + beta^2))) - gamma;
```

% 例 4.1 子程序 lag_equ.m 结束

4.7.2　例 4.2 源程序

% 例 4.2 主程序 ex4_2.m 开始

```
close all

clear

clc

s = tf('s');

G = (s + 6)^2/s/(s + 1)^2/(s + 36);

gc1 = tf([1.6848 1],[0.7665 1]);              % 文献[30]求得的校正装置

figure(1);margin(G * gc1)

gamma = 45;

for ii = 0:5

    [C,a,T,omega_c] = ...

        lead_compensator(G,(gamma + ii)/180 * pi);

    disp('超前校正装置传递函数')

    C

    disp(['其中分度系数 a = ',num2str(a),...

        ',时间常数 T = ',num2str(T),...
```

```
        ',aT =',num2str(a*T)])
    [Gm,Pm,Wgm,Wpm]=margin(C*G);
    disp(['期望的相角裕度gamma =',...
        num2str(gamma+ii),...
        ',校正后实际的相角裕度gamma =',...
        num2str(Pm)])
end
% 例4.2 主程序 ex4_2.m 结束
% 例4.2 子程序 lead_compensator.m 开始
function [G,a,T,omega_c]=...
    lead_compensator(P,gamma)
[~,~,~,d]=margin(P);
x0=[1,d];
[x,fx]=fsolve(@(x)lead_equ(x,P,gamma),x0);
a=1+x(1)^2;
omega_c=x(2);
T=1/omega_c/a^0.5;
G=tf([a*T 1],[T 1]);
% 例4.2 子程序 lead_compensator.m 结束
% 例4.2 子程序 lead_equ.m 开始
function F=lead_equ(x,P,gamma)
alpha=x(1);
omega_c=x(2);
[mag,phase]=bode(P,omega_c);
F(1)=(1+alpha^2)*mag^2-1;
F(2)=pi+phase*pi/180+asin(alpha^2/...
    (alpha^2+2))-gamma;
% 例4.2 子程序 lead_equ.m 结束
```

4.7.3 例 4.5 源程序

```
% 例 4.5 程序 ex4_5.m 开始
close all
clear
clc
s = tf('s');
K = 4;
T₁ = 2;
T₂ = 10;
G = K/(T₁ * s + 1)/(T₂ * s + 1);              % 对象模型
n = input('请输入期望的衰减比(4 或者 10)')
sigma = 1/sqrt(n);                            % 超调量
lnn = log(n);
T_d_theoretical = 2 * lnn * T₂ * T₁/(T₁ + T₂); % 公式(4.19)
T_p_theoretical = Td_theoretical/2;
disp(['衰减振荡周期的理论值 = ',...
    num2str(T_d_theoretical),'s']);
disp(['峰值时间的理论值 = ',...
    num2str(Tp_theoretical),'s']);
K_d = (4 * (T₁ + T₂)^2 * pi^2 + (T₁ - T₂)^2 *...
    lnn^2)/(4 * K * T₁ * T₂ * lnn^2);         % 公式(4.18)
disp(['K_d 的理论值 = ',num2str(K_d)]);
G_c₁ = feedback(K_d * G,1);                   % 闭环传递函数
delta_t = 1e - 4;
t = 0:delta_t:40;
[y,t] = step(G_c1,t);
figure(1)
```

```
plot(t,y,'k')

grid

xlabel('时间 /s')

ylabel('\ity')

[pks,locs] = findpeaks(y);

n_data = (pks(1) - y(end))/(pks(2) - y(end));% 实际的衰减比

disp(['K_d 作用下实际的衰减比 = ',...

    num2str(n_data),':1'])

T_d_data = (locs(2) - locs(1)) * delta_t;  % 实际的衰减振荡周期

disp(['K_d 作用下实际的衰减振荡周期 = ',...

    num2str(T_d_data)])

Tp_data = (locs(1) - 1) * delta_t;          % 实际的峰值时间

disp(['K_d 作用下实际的峰值时间 = ',...

    num2str(T_p_data)])

% 例 4.5 程序 ex4_5.m 结束
```

4.7.4 例 4.6 源程序

```
% 例 4.6 程序 ex4_6.m 开始

close all

clear

clc

s = tf('s');

T_1 = 10;

T_2 = 2;

G = 1/(T_1 * s)/(T_2 * s + 1);% 对象模型

n = input('请输入期望的衰减比(4 或者 10)')

sigma = 1/sqrt(n);% 超调量

lnn = log(n);
```

```
Td_theoretical = 2 * lnn * T2;% 公式(4.19)

Tp_theoretical = Td_theoretical /2;

disp(['衰减振荡周期的理论值 =',...

    num2str(Td_theoretical),'s']);

disp(['峰值时间的理论值 =',...

    num2str(Tp_theoretical),'s']);

Kd = (4 * pi^2 + lnn^2) * T1 /4 /lnn^2 /T2;

disp(['Kd 的理论值 =',num2str(Kd)]);

G_cl = feedback(Kd * G,1);

delta_t = 1e - 4;

t = 0:delta_t:40;

[y,t] = step(G_cl,t);

figure(1)

plot(t,y,'k')

grid

xlabel('时间 /s')

ylabel('{\ity}({\itt})')

[pks,locs] = findpeaks(y);

n_data = (pks(1) - y(end)) /(pks(2) - y(end));% 实际的衰减比

disp(['Kd 作用下实际的衰减比 =',...

    num2str(n_data),':1'])

Td_data = (locs(2) - locs(1)) * delta_t;% 实际的衰减振荡周期

disp(['Kd 作用下实际的衰减振荡周期 =',...

    num2str(Td_data)])

Tp_data = (locs(1) - 1) * delta_t;% 实际的峰值时间

disp(['Kd 作用下实际的峰值时间 =',...

    num2str(Tp_data)])

% 例 4.6 程序 ex4_6.m 结束
```

4.7.5 例4.7源程序

```
% 例4.7程序 ex4_7.m 开始
close all
clear
clc
T₁=2;
T₂=10;
T₃=15;
K=3;
Kc_theoretical=(T₁/T₂+T₂/T₁+T₃/T₁+...
    T₁/T₃+T₂/T₃+T₃/T₂+2)/K;
omega_c_theoretical=sqrt((T₁+T₂+T₃)/...
    (T₁*T₂*T₃))
Tc_theoretical=2*pi/omega_c_theoretical;
disp(['临界比例系数 Kc 的理论值为',num2str(...
    Kc_theoretical)])
disp(['等幅振荡周期 Tc 理论值为',num2str(...
    Tc_theoretical),'s']);
s=tf('s');
Gₚ=K/(T₁*s+1)/(T₂*s+1)/(T₃*s+1);
G_closed=feedback(Kc_theoretical*Gp,1);
dt=1e-4;
T_end=100;
t=0:dt:T_end;
y_closed=step(G_closed,t);
figure(1)
plot(t,y_closed,'k')
```

```
xlabel('时间 /s')

ylabel('{\ity}({\itt})')

grid

[peaks,index] = findpeaks(y_closed);

Tc_data = t(index(end)) - t(index(end - 1));

disp(['等幅振荡周期 Tc 的实验值为',...

    num2str(Tc_data),'s']);

% 例 4.7 程序 ex4_7.m 结束
```

4.7.6 例 4.9 源程序

```
% 例 4.9 程序 ex4_9.m 开始

close all

clear

clc

R = 10;% 阶跃输入幅值

A = [ -9.0000    0.2500    6.5625

    4.0000        0        0

    0    4.0000        0];                % 系统矩阵

b = [1 0 0]';% 输入矩阵

c = [0 0 0.625];% 输出矩阵

d = 0.02;% 直接传输矩阵

eig_desire = [ -1  -2  -3];              % 期望闭环极点位置

k = place(A,b,eig_desire);              % 求状态反馈增益

k = -k;

disp(['状态反馈增益 k = [',num2str(k),']'])

kd = d - (c + d * k) * inv(A + b * k) * b;    % 闭环系统直流增益

disp(['闭环系统直流增益 kd = ',num2str(kd)])

init_condition = R/kd * d;
```

```
disp(['闭环系统输出初始值 y(0) =',...
    num2str(init_condition)])
sim('ex4_9_sim.slx',8)
saveas(get_param(gcs,'handle'),'图4.11.emf')
plot(y.time,y.signals.values,'k');
hold on
plot(0:0.1:8,R*0.95*ones(1,81),'k--',0:0.1:8,...
    R*1.05*ones(1,81),'k--')
hold off
xlabel('{\itt}/s')
ylabel('{\ity}({\itt})')
grid
% 例4.9程序 ex4_9.m 结束
```

4.7.7　例4.10 源程序

```
% 例4.10 程序 ex4_10.m 开始
close all
clear
clc
Ref =10;                              % 阶跃输入幅值
A =[ -9.0000    0.2500    6.5625
    4.0000        0         0
    0    4.0000         0];           % 系统矩阵
b =[1 0 0]';                          % 输入矩阵
c =[0 0 0.625];                       % 输出矩阵
d =0.02;% 直接传输矩阵
Aa =[A zeros(3,1); -c 0]
ba =[b; -d];
```

```
if (rank(ctrb(Aa,ba)) = = size(Aa,1))
    disp('增广后系统能控')
else
    error('增广后系统不能控,不能继续设计')
end
Q = diag([1 1 1 30]);
R = 0.1;
k1 = lqr(Aa,ba,Q,R);
k = - k1(1:end - 1)
ka = - k1(end)
sim('ex4_10_sim.slx',8)
saveas(get_param(gcs,'handle'),'图 4.13.emf')
plot(y.time,y.signals.values,'k');
hold on
plot(0:0.1:8,Ref * 0.95 * ones(1,81),'k - -',...
    0:0.1:8,Ref * 1.05 * ones(1,81),'k - -')
hold off
xlabel('{ \itt} /s')
ylabel('{ \ity}({ \itt})')
grid
% 例 4.10 程序 ex4_10.m 结束
```

4.7.8 例 4.11 源程序

```
% 例 4.11 主程序 ex4_11.m 开始
close all
clear all
clc
format short
```

```
tic
global A B H
A = [1 1;0 2];
B = [1 1;1 -1];
H = [-1 0;0 -2];
[n,m] = size(B);
fitness_handle = @ cost_fro_norm;
x_low = -1 * ones(1,m * n);
x_high = - x_low;
G = 100;
N = 10;
F = 0.5;
CR = 0.9;
[fmin,xmin] =  DE(fitness_handle,G,N,F,CR,...
    x_low,x_high);
[cost,K,P] = cost_fro_norm(xmin)
T = lyap(A, -H,B * P)
K_KB = [-1.5 -1.5;-1.5 1.5];              % 文献中报道的结果
K - K_KB
norm(K_KB,'fro')
toc
% 例 4.11 主程序 ex4_11.m 结束
% 例 4.11 子程序 cost_fro_norm.m 开始
function [cost,K,P] = cost_fro_norm(x)
global A B H
[n,m] = size(B);
P = reshape([ x],m,n);
t = lyap(A, -H,B * P);
```

```
K = P * inv(t);

cost = norm(K,'fro');

% 例 4.11 子程序 cost_fro_norm.m 结束

% 例 4.11、4.15 子程序 DE.m 开始

function [fmin,xmin] = DE(fitness_handle,...
    G,N,F,CR,x_low,x_high)

x_low = x_low(:);

x_low = x_low';

x_high = x_high(:);

x_high = x_high';

x_length = length(x_low);

% feval_count = 0;

Pop = zeros(N,x_length);              % 种群中的个体表示为行向量

rand1 = rand(size(Pop));              % 用于产生初值种群

Pop_fitness = zeros(N,1);             % 储存每个个体的适应值

for k = 1:N

    Pop(k,:) = x_low + rand1(k,:).*(x_high - x_low);

    Pop_fitness(k) = feval(fitness_handle,...
        Pop(k,:));

end

[fmin,index1] = min(Pop_fitness);

xmin = Pop(index1,:);

for g = 1:(G-1)

    Pop2 = Pop;

    Pop2_fitness = Pop_fitness;

    if mod(g,10) == 1

        [g xmin fmin]

    end
```

```
for k = 1:N
    index2 = randperm(N);
    index3 = find(index2 == k);
    index2(index3) = [];
    v = Pop(index2(1),:) + F * (Pop ...
        (index2(2),:) - Pop(index2(3),:));
    index4 = (v > = x_low). * (v < = x_high);    % 符合约束的分量,保留
    v = v. * index4 + (x_low + rand(1, ...
        x_length). * (x_high - x_low)). * (1 - index4);
    rand2 = rand(1,x_length);
    index5 = rand2 < = CR;
    rand3 = ceil(rand * x_length);
    index5(rand3) = 1;
    u = v. * index5 + Pop(k,:). * (1 - index5);
    fitness_u = feval(fitness_handle,u);
    if fitness_u < Pop_fitness(k)
        Pop2_fitness(k) = fitness_u;
        Pop2(k,:) = u;
        if fitness_u < fmin
            xmin = u;
            fmin = fitness_u;
        end
    end
    Pop = Pop2;
    Pop_fitness = Pop2_fitness;
end
end
% 例 4.11、4.15 子程序 DE.m 结束
```

4.7.9 例 4.15 源程序

```
% 例 4.15 主程序 ex4_15.m 开始
close all
clear
clc
% 使用差分进化算法优化
fitness = @ cost_ex4_15;% 目标函数,
G = 100;                          % 最大进化代数
N = 20;                           % 种群大小
CR = 0.9;                         % 交叉概率
F = 0.5;                          % 缩放因子
x_low = -5 * ones(4,1);           % 变量下界
x_high = 10 + x_low;              % 变量上界
[fmin,xmin] = DE(fitness,G,N,F,CR,x_low,x_high)
u_de = [];                        % 保存控制量序列
u_paper = [];                     % 保存文献中的控制序列
u1 = [-2.7674  -0.9747  -0.5068  -0.0102];
[t,x_de] = ode45(@ equ_ex4_15,[0:1e-3:1],...
    1,[],xmin);
[t,x_paper] = ode45(@ equ_ex4_15,...
    [0:1e-3:1],1,[],u1);
for ii = 0:1e-3:1
    u_de = [u_de u_ex4_15(xmin,ii)];
    u_paper = [u_paper,u_ex4_15(u1,ii)];
end
t = 0:1e-3:1;
u_analytical = 3 * exp( -4)/(3 * exp( -4) +1) * ...
```

```
    exp(2*t) -3/(3*exp(-4)+1)*exp(-2*t);
x_analytical = 3*exp(-4)/(3*exp(-4)+1)*...
    exp(2*t) +1/(3*exp(-4)+1)*exp(-2*t);
figure(1)
subplot(211)
plot(t, -u_de +u_analytical,'k',t, -u_paper +...
    u_analytical,'k - -')
xlabel('时间/s')
ylabel('控制量')
legend('差分进化','野草算法');legend('boxoff')
subplot(212)
plot(t, -x_de' +x_analytical,'k',t,x_analytical -...
    x_paper','k - -')
xlabel('时间/s')
ylabel('状态')
legend('差分进化','野草算法');
legend('boxoff')
figure(2)
subplot(211)
plot(t,u_analytical,'k - -','linewidth',2)
hold on
plot(t,u_de,'k')
hold off
xlabel('时间/s')
ylabel('控制量')
legend('解析解','差分进化');
legend('boxoff');
axis([0 1 -3 0.5])
```

```
subplot(212)

plot(t,x_analytical,'k - -','linewidth',2)

hold on

plot(t,x_de,'k')

hold off

xlabel('时间/s')

ylabel('状态')

legend('解析解','差分进化');

legend('boxoff')

% 例 4.15 主程序 ex4_15.m 结束

% 例 4.15 子程序 cost_ex4_15.m 开始

function [J] = cost_ex4_15(u1)

odefun = @ equ_ex4_15;

tspan = 0:1e - 3:1;

x0 = 1;

[t,x] = ode45(odefun,tspan,x0,[],u1);

u = [];

for ii = 0:1e - 3:1

    u = [u; u_ex4_15(u1,ii)];

end

J = sum(3 * x.^2 + u.^2) - .5 * (x(1)^2 + ...

    x(end)^2 + u(1)^2 + u(end)^2);

J = J/1e3;                          % 目标函数的梯形公式近似

% 例 4.15 子程序 cost_ex4_15.m 结束

% 例 4.15 子程序 equ_ex4_15.m 开始

function dx = equ_ex4_15(t,x,u1)

dx = zeros(1,1);

u = u_ex4_15(u1,t);
```

```
dx = x + u;

% 例 4.15 子程序 equ_ex4_15.m 结束

% 例 4.15 子程序 u_ex4_15.m 开始

function [u] = u_ex4_15(u1,t)

tf = 1;

t0 = 0;

%  n = 3;

n = length(u1) - 1;

ii = 0:n;

n_factorial = factorial(n);

u_temp = n_factorial * (u1)./factorial(ii)./...
    factorial(n - ii)/(tf - t0)^n.*((t - t0).^ii).*...
    ((tf - t).^(n - ii));

u = sum(u_temp);

% 例 4.15 子程序 u_ex4_15.m 结束
```

CHAPTER

5

第 5 章

总　结

　　为了研究自动控制系统的行为，对系统进行定量分析，设计控制规律改善系统的性能，需要首先建立被控对象的数学模型。机理建模和实验辨识是建立被控对象数学模型的两类方法。机理建模需要研究人员充分理解被控对象遵循的物理、化学等基本规律，列写被控对象的运动方程。实验建模则需要研究人员基于被控对象的特点设计特定形式的输入信号，在被控对象上做实验，记录系统的输入输出数据，根据实验数据按照一定的算法计算对象的数学模型。

　　实验建模又称系统辨识，是控制工程师必须掌握的基本技能。传统的系统辨识理论包括阶跃响应辨识和频率响应辨识等内容，这些方法紧扣阶跃响应和频率响应的定义，较为直观，容易理解和掌握。现代系统辨识理论是建立在统计学和最优化方法基础上的，包括极大似然辨识算法、贝叶斯辨识算法，以及各类最小二乘辨识算法等，理论较为复杂，初学者不太容易理解和掌握。

　　对于初学者而言，学习系统辨识的难点除了现代辨识理论较为复杂之外，构造合适的被控对象物理装置，也不是一件轻而易举的事情。近年来Mathwoks公司在Simulink中引入了Simscape，可以实现多物理域对象的物理建模。研究人员可以在实现具体的物理装置之前使用Simscape建立对象的物理模型，为系统辨识、分析和控制器设计提供一个虚拟的被控对象。学有余力的读者可以Simsacpe建立的物理模型为待辨识对象，进一步学习现代辨识理论的辨识信号设计、模型结构确定、模型参数估计、模型检验等系统辨识全过程的知识。

　　有了控制系统的数学模型之后，可以根据数学模型对系统的稳定性和性能进行分析。控制系统分析的问题包括稳定性分析、稳态性能分析、暂态性能分析、运动特性分析、能控性分析、能观性分析等。正弦输入下系统稳态性能分析、时滞系统稳定性分析、非线性系统运动特性分析是其中三类典型的分析问题，对初学者而言具有较大的难度。

当输入信号是阶跃信号、斜坡信号、抛物线信号及其线性组合时，可以使用拉氏变换的终值定理进行稳态性能分析。当输入信号是正弦信号时，不符合拉氏变换终值定理的使用条件，此时可以使用动态误差系数法或者频率响应的定义进行稳态性能分析。可以通过多项式除法手工计算得到动态误差系数，但是这样处理计算量太大。递推方式和直接方式是适用于计算机编程求解的动态误差系数计算方法。动态误差系数有无穷多项，当闭环系统极点均位于复平面的单位圆外时，动态误差系数能够收敛到 0。相较于动态误差系数法，根据频率响应定义进行稳态性能分析更加简便易行，值得推荐。

劳斯稳定判据、根轨迹法、奈奎斯特稳定判据、李雅普诺夫第一法和第二法是分析控制系统稳定性的主要方法。当系统不存在时延时，上述方法均可以分析线性定常系统的稳定性。当系统存在时延时，可以使用奈奎斯特稳定判据分析系统的稳定性；如果稳定性分析过程中需要求解超越方程，则可以使用牛顿法。

非线性系统可能会存在稳定的周期运动，在使用描述函数法分析非线性系统的运动特性时：首先，需要将非线性系统整理成非线性静态环节和线性动态系统串联成的反馈系统的形式。其次，绘制线性部分的幅相特性曲线和非线性环节的负倒描述函数曲线。最后，根据两曲线的关系确定系统是否存在稳定的周期运动。由于描述函数法是一种近似分析理论，仅考虑了周期信号的一次谐波分量，在进行了描述函数法分析之后，最好再辅以 Simulink 仿真对理论分析的结论进行检验。

设计校正装置（又称补偿器、调节器、控制器和控制律），改变系统的行为使之达到用户的要求是控制理论研究的最终目的。古典控制中校正装置通常为超前校正、滞后校正、滞后－超前校正和 PID 控制器等形式，这些校正装置的输入均是偏差信号。现代控制理论引入了系统状态的概念，故现代控制中反馈控制律通常是状态反馈形式的。

传统的频率域超前校正装置和滞后校正装置设计方法是试凑法，校正后系统的性能无法在设计之前确定。如果将超前校正装置和滞后校正装置设计问题视作非线性方程组的求根问题，能够免去试凑的过程，直接得到满足性能指标要求的校正装置。

衰减曲线法和临界比例度法是两种重要的 PID 控制器参数整定方法。这两个方法的特点是无须事先知道被控对象的数学模型，只需在被控对象上进行比例控制实验，观察到闭环系统响应呈现出特定的形式，就可以查表计算出 PID 控制器参数。除了从工程应用的角度使用这两类 PID 控制器参数整定方法，还应注意到衰减曲线法与时域分析法、临界比例度法与闭环系统临界稳定之间的联系，在被控对象数学模型已知的情况下，可以从理论上建立特定形式对象的模型参数与 PID 控制器参数之间的关系。读者掌握了这部分内容可以更好地理解衰减曲线法和临界比例度法的理论背景。

在"现代控制理论"的框架下，基本的状态反馈控制律仅能实现系统镇定的目的，如果希望系统输出跟踪特定形式的输入，需要对基本状态反馈控制律进行改进。当要求系统输出跟踪的信号为阶跃形式时，可以采取的一种改进方法是引入阶跃输入的前馈控制，使得闭环系统增益为 1，另一种改进方法是将偏差信号的积分作为一个新状态引入状态空间表达式，根据增广后的对象模型设计状态反馈控制律。本书仅讨论了在系统状态完全已知情况下的阶跃输入跟踪问题，当相同状态未知时，可以设计状态观测器对状态进行估计，利用估计的状态代替实际状态进行反馈。

对能控的多输入多输出线性定常系统而言，能够将闭环极点配置到期望位置的状态反馈控制律不是唯一的。可以利用状态反馈控制律的不唯一性，设计出具有某种性能的控制律，如鲁棒性最优的控制律，或者状态反馈增益的 Frobenius 范数最小的控制律。本书研究了最小范数控制律设计问题，将希尔维斯特方程的参数矩阵 P 作为待优化参数，给出了一种基于差分进化算法的最小范数状态反馈控制律设计方法。也可以将希尔维斯特方程与差分进化算法结合起来设计鲁棒控制器，读者可以结合文献 [42] 自行开展研究。

最优控制研究的是动态系统的优化问题，是传统静态优化问题的推广。传统的最优控制解法包括变分法、极大值原理和动态规划，理论难度大，初学者往往望而却步。如果从静态优化的角度研究最优控制问题，初学者相对容易接受。此种情况下核心的问题是如何将最优控制问题转化为静态优化问题，以及采用什么算法求解转化后的静态优化问题。本书采用的方式是使用贝塞尔曲线将控制律参数化，用差分进化算法优化贝塞尔曲线参数得到最优控制律。伪谱法[45] 是一类重要的最优控制问题数值解法，值得关注。

Matlab 软件是读者学习控制理论的一个很好的工具，本书提供了多个算例的 Matlab 程序和 Simlink/Simscape 框图，供读者参考。Octave 是另一种能够实现控制系统建模、分析、设计和仿真的软件，它的语法与 Matlab 基本一致，并且是免费的。读者可以使用 Octave 软件，或者其在线版本（网址为 https：//octave – online. net/）学习控制理论。

参 考 文 献

［1］胡寿松主编．自动控制原理（第七版）［M］．北京：科学出版社，2019.

［2］丁宝苍．预测控制的理论与方法［M］．北京：机械工业出版社，2008.

［3］Houpis C H, Rasmussen S J, Garcia-Sanz M. Quantitative Feedback Theory: Fundamentals and Applications, Second Edition［M］. Boca Raton, Florida: CRC Press, 2005.

［4］苏宏业，等编著．鲁棒控制基础理论［M］．北京：科学出版社，2010.

［5］李世华，王翔宇，丁世宏，等．滑模控制理论与应用研究［M］．北京：科学出版社，2023.

［6］赵志良．自抗扰控制设计与理论分析［M］．北京：科学出版社，2019.

［7］李晓秀，宋丽蓉主编．自动控制原理（第3版）［M］．北京：机械工业出版社，2018.

［8］刘豹，唐万生主编．现代控制理论（第3版）［M］．北京：机械工业出版社，2011.

［9］Chen C T. Linear System Theory and Design, Third Edition［M］. New York: Oxford University Press, 1999.

［10］杨延西，潘永湘，赵跃编著．过程控制与自动化仪表（第3版）

[M].北京：机械工业出版社，2017：164 – 165.

　　[11] 黄宋魏，等编著.工业过程控制系统及工程应用[M].北京：化学工业出版社，2015.

　　[12] 潘新民，王燕芳编著.微型计算机控制技术（第 2 版）[M].北京：电子工业出版社，2014.

　　[13] 刘金琨编著.智能控制（第 5 版）[M].北京：电子工业出版社，2021.

　　[14] 李少远，王景成编著.智能控制（第 2 版）[M].北京：机械工业出版社，2009.

　　[15] 韩力群主编.智能控制理论及应用[M].北京：机械工业出版社，2007.

　　[16] 蔡自兴编著.智能控制原理与应用（第 3 版）[M].北京：清华大学出版社，2019.

　　[17] Shi Y, Eberhart R C. A modified particle swarm optimizer [C]. Proceedings of the IEEE Congress on Evolutionary Computation, Piscataway, NJ. 1998：69 – 73.

　　[18] Pintelon R, Guillaume P, Rolain Y, Schoukens J, Van Hamme H. Parametric identification of transfer functions in the frequency domain-a survey [J]. IEEE Transactions on Automatic Control, 1994, 39 （11）：2245 – 2260.

　　[19] Levy E C. Complex-curve fitting [J]. IRE Transactions on Automatic Control, 1959, 4 （1）：37 – 43.

　　[20] Gustavsen B, Semlyen A. Rational approximation of frequency domain responses by vector fitting [J]. IEEE Transactions on Power Delivery, 2002, 14 （3）：1052 – 1061.

　　[21] 刘鲲鹏，朱儒，彭程，等.基于频响相角数据的频域子空间辨

识[J].控制工程，2016，23（10）：1538－1541.

[22] 彭程，王永.振动系统稳定模型的频域辨识[J].振动与冲击，2010，29（3）：118－120，208.

[23] 孙文瑜，徐成贤，朱德通.最优化方法[M].北京：高等教育出版社，2004.

[24] 张功，赵子伦，杨硕，等.四随动式线加速度计动态校准装置的研制[J].计算机测量与控制，2020，28（4）：261－265.

[25] 刘慧英主编.自动控制原理 导教·导学·导考（第2版）[M].西安：西北工业大学出版社，2016.

[26] 韦青燕.基于LabVIEW和Multisim的串联校正实验软件平台开发[J].实验室研究与探索，2015，34（2）：128－131.

[27] 张聚编著.基于MATLAB的控制系统仿真及应用（第2版）[M].北京：电子工业出版社，2018.

[28] 李钟慎，王永初.基于MATLAB的滞后校正器的计算机辅助设计[J].计算机应用，2001，21（6）：27－28，33.

[29] 杜佳璐，李如铁，杜深良.反馈控制系统串联校正器的计算机辅助设计[J].大连海事大学学报，2002，28（4）：106－109.

[30] 唐建国，何银平.基于MATLAB的串联补偿控制器设计[J].重庆三峡学院学报，2008，24（3）：10－14.

[31] 李钟慎，王永初.基于MATLAB的超前校正器的计算机辅助设计[J].计算技术与自动化，2001，20（2）：71－74，83.

[32] 傅鑫，马冲泽，陈林峰，等.基于DSP的激光陀螺稳频回路设计及其参数整定[J].应用光学，2012，33（5）：841－845.

[33] 王瑞，尤恩波.关于水箱液位串级控制系统稳定参数的控制分析[J].工业仪表与自动化装置，2016，46（6）：12－14，61.

［34］ 王茜，陈国达，李孝禄．基于 Matlab 的过程控制系统仿真实验设计［J］.实验技术与管理，2017，34（2）：119－123.

［35］ 高哲，李旭东，王珊，等．SMPT－1000 实验平台的蒸发器控制系统设计［J］.实验室研究与探索，2016，35（3）：100－104.

［36］ 徐陶祎，刘琴涛．基于 PID 控制算法的智能控制试验平台系统设计［J］.制造业自动化，2014，36（22）：70－72，84.

［37］ 张佳．基于小型光电跟踪系统的 PID 控制实验［J］.实验室研究与探索，2013，32（11）：266－268，272.

［38］ 方康玲主编．过程控制及其 MATLAB 实现（第 2 版）［M］.北京：电子工业出版社，2013.

［39］ 何丽华，于涛，郑平卫．反应堆功率控制系统 PID 控制器参数整定及仿真［J］.核电子学与探测技术，2013，33（6）：775－777，786.

［40］ Storn R，Price K. Differential evolution-a simple and efficient heuristic for global optimization over continuous spaces［J］. Journal of Global Optimization 1997，11（4）：341－359.

［41］ Keel L H，Fleming J A，Bhattacharyya S P. Minimum norm pole assignment via Sylvester's equation［J］. Contemporary Mathematics，1985，47：265－272.

［42］ Wang J，Wu G. A multilayer recurrent neural network for on-line synthesis of minimum-norm linear feedback control systems via pole assignment［J］. Automatica，1996，32（3）：435－442.

［43］ Ataei M，Enshaee A. Eigenvalue assignment by minimal state-feedback gain in LTI multivariable systems［J］. International Journal of Control，2011，84（12）：1956－1964.

［44］ Betts J T. Practical methods for optimal control and estimation using nonlinear programming, second edition ［M］. Philadelphia，PA：SIAM，2010.

　　［45］ 黄俊，刘知贵，刘志勤，等. 最优控制问题的伪谱法求解理论与应用［J］. 电光与控制，2020，27 (6)：63 – 70.

　　［46］ Ghosh A，Das S，Chowdhury A，Giri R. An ecologically inspired direct search method for solving optimal control problems with Bézier parameterization ［J］. Engineering Applications of Artificial Intelligence，2011，24 (7)：1195 – 1203.